"十三五"职业教育规划教材
高职高专机电专业"互联网+"创新规划教材

电路电工基础

主　编　张　琳　崔　红　王万德
副主编　郭　妍　孙文毅
参　编　王　莉　张艳凤

北京大学出版社
PEKING UNIVERSITY PRESS

内 容 简 介

本书是全国高职高专规划教材，依据教育部最新制定的"高职高专教育电工技术课程教学基本要求"编写而成，主要内容包括直流电路、正弦交流电路、变压器、三相异步电动机、继电接触器控制系统、工厂供电与安全用电、电工测量、电工实验实训，共计8章。随着移动互联网和移动数字终端技术发展取得突破，出版业数字化将掀起新一轮高潮。移动互联网将是未来数字出版发展主战场，本书主动转型升级增加了二维码功能。二维码的内容包括各章节重要知识点动画及拓展延伸、实验实训过程图文和视频等，方便读者自学。

本书可作为高等职业学校、高等专科学校、成人高校及本科院校举办的二级职业技术学院和民办高校非电类专业的教材，也可供工程技术人员参考使用。

图书在版编目(CIP)数据

电路电工基础/张琳，崔红，王万德主编. —北京：北京大学出版社，2016.11
（高职高专机电专业"互联网+"创新规划教材）
ISBN 978-7-301-27605-1

Ⅰ. ①电…　Ⅱ. ①张…　②崔…　③王…　Ⅲ. ①电路理论—高等职业教育—教材　②电工—高等职业教育—教材　Ⅳ. ①TM

中国版本图书馆CIP数据核字（2016）第231789号

书　　　名	电路电工基础
	DIANLU DIANGONG JICHU
著作责任者	张　琳　崔　红　王万德　主编
策 划 编 辑	刘晓东
责 任 编 辑	黄红珍
数 字 编 辑	刘志秀
标 准 书 号	ISBN 978-7-301-27605-1
出 版 发 行	北京大学出版社
地　　　址	北京市海淀区成府路205号　100871
网　　　址	http://www.pup.cn　新浪微博：@北京大学出版社
电 子 信 箱	pup_6@163.com
电　　　话	邮购部62752015　发行部62750672　编辑部62750667
印 刷 者	北京溢漾印刷有限公司
经 销 者	新华书店
	787毫米×1092毫米　16开本　11.25印张　256千字
	2016年11月第1版　2016年11月第1次印刷
定　　　价	29.00元

前　言

本书是全国高等院校"十三五"规划教材，是依据教育部最新制定的"高职高专教育电工技术课程教学基本要求"，并结合机电类各专业系列课程的建设实际编写的。

编者在编写本书时既考虑到使学生获得必要的电工电子技术基础概念、基本理论，又充分考虑到专科学生的实际情况，具体编写思路如下：

(1) 力图做到内容精练，保证基础，叙述简明，加强应用；充分考虑工科非电专业的知识结构，使内容具有科学性、实用性和可读性，以满足当前教学的需求。

(2) 讲授内容与习题融为一体。每章习题中设置填空、判断、选择及应用题，以期帮助学生总结内容，拓宽思路，提高分析问题和解决问题的能力。

(3) 强调课程体系的针对性，根据高职高专的培养规格，理论上以为后续课程打基础为度，注重应用能力的培养。

考虑到应用型人才培养的需求和该课程的性质，编者在编写时增加了电工电子实验实训内容。全书共 8 章，主要内容包括直流电路、正弦交流电路、变压器、三相异步电动机、继电接触器控制系统、工厂供电与安全用电、电工测量、电工实验实训。

随着移动互联网和移动数字终端技术发展取得突破，移动互联网将是未来数字出版发展主战场，本书主动转型升级增加了二维码功能，可有效提高教学效率，促进对学生创造性、自主性的培养。二维码的内容包括各章节重要知识点动画及拓展延伸、实验实训过程图文和视频等。二维码素材由辽宁省交通高等专科学校王万德、辽宁经济职业技术学院王莉、辽宁水利职业学院张艳凤制作编辑整理。

本书由辽宁省交通高等专科学校张琳、崔红、王万德担任主编，郭妍、孙文毅担任副主编，具体编写分工如下：崔红编写第 1～3 章，张琳编写第 4、5、8 章，并负责全稿的修订、统稿和定稿，郭妍编写第 6、7 章，孙文毅编写附录并负责全书答案整理及电子课件制作工作。

本书配套电子课件，如有需要，可联系 QQ 客服 3209939285@qq.com 索要。

由于编者水平有限，书中不妥之处在所难免，恳请读者给予批评指正。

编　者
2016 年 5 月

目　录

第 1 章

直 流 电 路

教学目标

(1) 了解电路组成、作用及电路的基本物理量。

(2) 理解电阻元件、电感元件、电容元件的特点及电压和电流的关系。

(3) 熟练掌握电压和电流的参考方向和关联参考方向的概念，欧姆定律、基尔霍夫定律、支路电流法、叠加原理、电压源电流源等效变换及其应用。

(4) 学会运用各种电路分析方法解决实际电路问题。

电路是电工电子技术的基础，学好直流电路，特别是掌握常用的电路分析方法，可为学习电工技术、电子技术打下坚实基础。

1.1 电路的概念

1.1.1 电路组成及作用

电路是电流流通的路径,是为实现某种功能而将若干电气设备和元器件按一定方式连接起来的整体。但无论哪种电路均由电源(或信号源)、负载和中间环节三个基本部分组成。

电源是提供电能的设备,如发电机、电池和信号源等。负载是指用电设备,如电灯、电动机、洗衣机和电冰箱等。中间环节的作用是把电源和负载连接起来,通常是一些导线、开关、接触器和保护装置等。

电路的种类繁多,但其作用可分为两个方面:其一是实现电能的传输和转换(如电力工程,包括发电、输电、配电、电力拖动、电热、电气照明,以及交直流电之间的整流和逆变等);其二是进行信号的传递与处理(如信息工程,包括语言、文字、音乐、图像的广播和接收,生产过程中的自动调节,各种输入数据的数值处理,信号的存储等)。电路的典型应用如图 1.1 所示。

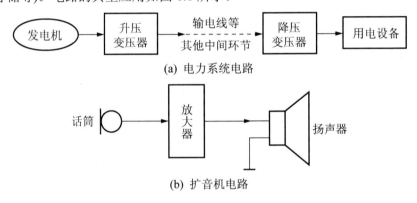

(a) 电力系统电路

(b) 扩音机电路

图 1.1　电路的典型应用

1.1.2 电路模型

所谓理想电路元件,是指在一定条件下,突出其主要电磁特性,忽略其次要因素以后,把电器元件抽象为只含一个参数的理想电路元件。基本的理想电路元件有恒压源 U_S、恒流源 I_S、电阻元件 R、电容元件 C 和电感元件 L。根据其能否对外电路提供电能又分为有源元件和无源元件(后三种)。

实际电气器件在一定条件下都可用理想电路元件来代替。由理想电路元件代替实际电气器件组成的电路叫电路模型。如图 1.2 所示为手电筒的实际电路及电路模型。

可见电路模型就是实际电路的科学抽象。采用电路模型来分析电路,不仅计算过程大为简化,而且能更清晰地反映电路的物理实质。

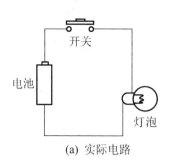 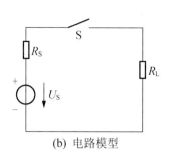

| (a) 实际电路 | (b) 电路模型 |

图 1.2　手电筒的实际电路及电路模型

1.2　电路的主要物理量

电路的特性是由电流、电压和电功率等物理量来描述的。电路分析的基本任务就是根据电路的结构和已知参数，求电路的电流、电压和电功率。

1.2.1　电流

电流的大小用电流强度来表示，定义为单位时间内通过导体横截面的电荷量，即 $i = \dfrac{\mathrm{d}q}{\mathrm{d}t}$。大小和方向不随时间变化即 $\dfrac{\mathrm{d}q}{\mathrm{d}t}$ =常数的电流称为恒定电流，简称直流 (DC)，用大写字母 I 来表示。在国际单位制(SI)中，电流的单位为 A(安[培])。计量微小电流时，以 mA(毫安)或 μA(微安)为单位。其换算关系为 $1\mathrm{A}=10^{3}\,\mathrm{mA}=10^{6}\,\mu\mathrm{A}$。

量值和方向作周期性变化且平均值为零的时变电流称为交流电流，简称交流 (AC)，用小写字母 i 来表示。

习惯上，规定正电荷移动的方向或负电荷移动的反方向为电流的方向(实际方向)。在分析复杂电路时往往不能预先确定某段电路上电流的实际方向。为了便于分析，电路中引出了参考方向的概念。参考方向是任意设定的，可以用箭头或双下标标示，如图 1.3 所示。

图 1.3　电流的参考方向

按参考方向求解得出的电流值有两种可能。得正值，说明设定的参考方向与实际方向一致；若为负值，则表明参考方向与实际方向相反。

1.2.2　电压与电动势

在电路中，电场力把单位正电荷由 a 点移到 b 点所做的功，定义为 a、b 两点之间的电压，用 u_{ab} 表示。即 $u_{ab} = \dfrac{\mathrm{d}W}{\mathrm{d}q}$。在国际单位制中，电压 u 的单位为 V(伏[特])。

大小和方向不随时间变化的电压称为恒定电压，也称直流电压，用大写字母 U 来表示。大小和方向随时间变化的电压称为时变电压，一般用小写字母 u 来表示。

电压的参考方向与电流的参考方向类似，当计算的结果为正值($U>0$)，说明电压的实际方向和参考方向一致；结果为负值($U<0$)，说明电压的实际方向和参考方向相反。

电压的参考方向常用"+"和"-"或双下标表示，如图 1.4 所示。

图 1.4　电压的参考方向

在分析和计算电路时，电压和电流参考方向的假定，原则上是任意的。但为了方便，元件上的电压和电流常取一致的参考方向，这称为关联参考方向，如图 1.5(a) 所示，反之，称为非关联参考方向，如图 1.5(b)所示。

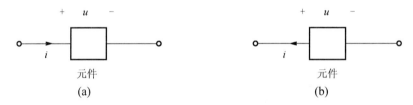

图 1.5　关联和非关联参考方向

必须指出，电路中的电流或电压在未标明参考方向的前提下，讨论电流或电压的正、负值是没有意义的。

电动势是电源内部所具有的把电子从正极搬运到负极的本领。电动势的方向是内电路从负极到正极，外电路从正极到负极，单位与电压相同。

1.2.3　电位

在电路分析和实际工程测量中，经常用到电位的概念。电位是指在电路中任选一点作为参考点(参考点的电位为 0)，则任意一点 a 到参考点的电压就称为 a 点的电位，用符号 V_a 表示。电位的单位和电压一样，也用 V(伏[特])表示。

电位是一个相对的物理量，它的大小和极性与所选取的参考点有关。参考点的电位为 0，故也称为零电位点，用符号"⊥"表示，如图 1.6(a)所示。参考点的选取是任意的，但通常取多个支路的交汇点或接地点。参考点的位置不同，电路中各点的电位也不同。电路中 a 点到 b 点的电压就等于 a 点与 b 点的电位之差，即

$$U_{ab} = V_a - V_b$$

可见，电压是一个绝对的物理量，与参考点的选取无关。电子电路中，为了简化电路图，常采用电位标注法，如图 1.6(b)所示。

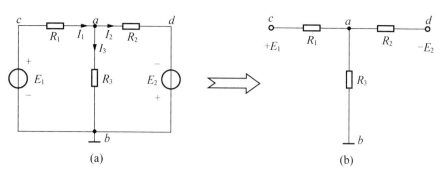

图 1.6　电路的电位表示法

【例 1.1】 如图 1.6(a)所示，$E_1 = 12$ V，$E_2 = 3$ V，$R_1 = R_2 = R_3 = 3\,\Omega$，$I_1 = 3$ A，$I_2 = 2$ A，$I_3 = 1$ A，以 a 点和 b 点为参考点，分别求 V_a、V_b、V_c、V_d 及 U_{ab}、U_{ad} 和 U_{ca}。

解: (1) 以 b 为参考点，则 $V_b = 0$。

故有
$$V_a = I_3 R_3 = 1 \times 3 = 3(\text{V})$$
$$V_c = E_1 = 12(\text{V})$$
$$V_d = -E_2 = -3(\text{V})$$

所以
$$U_{ab} = V_a - V_b = 3 - 0 = 3(\text{V})$$
$$U_{ad} = V_a - V_d = 3 - (-3) = 6(\text{V})$$
$$U_{ca} = V_c - V_a = 12 - 3 = 9(\text{V})$$

(2) 以 a 为参考点，则 $V_a = 0$。

故有
$$V_b = -I_3 R_3 = -(1 \times 3) = -3(\text{V})$$
$$V_c = I_1 R_1 = 3 \times 3 = 9(\text{V})$$
$$V_d = -I_2 R_2 = -(2 \times 3) = -6(\text{V})$$

所以
$$U_{ab} = V_a - V_b = 0 - (-3) = 3(\text{V})$$
$$U_{ad} = V_a - V_d = 0 - (-6) = 6(\text{V})$$
$$U_{ca} = V_c - V_a = 9 - 0 = 9(\text{V})$$

计算表明，当选取不同的参考点时，电路中的各点电位不同，但电压相同。

1.2.4　电能和电功率

电流流过电灯会发光，流过电炉会发热，可见电路工作时，发生着能量的转换。

元件从 t_0 到 t_1 获得的能量可以用功 W 来衡量，即 $W = \int_{t_0}^{t_1} UI\mathrm{d}t$。功率是单位时间内元件所吸收(或产生)的能量，即 $P = \dfrac{\mathrm{d}W}{\mathrm{d}t} = UI$。在国际单位制中，功率的单位是 W(瓦[特])，电能的单位是 J(焦[耳])。习惯上还常用"度"来表示电能，1 度电等于 1kW·h(千瓦·时)。

在一个电路中，电源产生的功率与负载、导线及电源内阻上消耗的功率总是平衡的，遵循能量守恒和转换定律。

在电路分析中，不仅要计算功率的大小，有时还要判断功率的性质，即该元件是产生功率还是消耗功率。

在关联参考方向下，$P=UI$；在非关联参考方向下，$P=-UI$。

当 $P>0$ 时，元件吸收功率，在电路中消耗能量，相当于负载；当 $P<0$ 时，元件发出功率，向外提供能量，相当于电源。

【例1.2】 在如图1.7所示的电路中有三个元件，

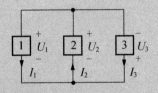

图 1.7 例 1.2 电路图

已知 $U_1=5V$，$U_2=5V$，$U_3=-5V$，$I_1=2A$，

$I_2=5A$，$I_3=3A$，求各元件吸收或发出的功率。

解：对于元件1，因 U_1、I_1 是关联参考方向，则
$$P_1=U_1I_1=5\times2=10(W)$$
即 $P_1>0$，吸收功率。

对于元件2，因 U_2、I_2 是非关联参考方向，则
$$P_2=-U_2I_2=-5\times5=-25(W)$$
即 $P_2<0$，发出功率。

对于元件3，因 U_3、I_3 是非关联参考方向，则
$$P_3=-U_3I_3=-(-5)\times3=15(W)$$
即 $P_3>0$，吸收功率。

可见 $|P_2|=P_1+P_3$，即发出的功率等于吸收的功率，功率平衡。

需要注意的是，在有多个电源共同作用的电路中，有的电源不仅不放出功率，而且还吸收功率，这时的电源相当于负载(见本章习题应用题第7题)。

1.3 基尔霍夫定律

欧姆定律是分析和计算电路的基本定律，在复杂电路的分析中，基尔霍夫定律是常用的工具。基尔霍夫电流定律用于电路的结点分析，基尔霍夫电压定律用于电路的回路分析。

1.3.1 基尔霍夫电流定律

基尔霍夫定律包括电流定律和电压定律。为了便于讨论，先介绍几个名词。

支路：电路中流过同一电流的一个分支称为一条支路。图1.8中共有三条支路，

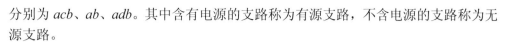

分别为 acb、ab、adb。其中含有电源的支路称为有源支路，不含电源的支路称为无源支路。

结点：电路中三条或三条以上支路的连接点，如图 1.8 中的 a 点和 b 点。

回路：电路中任一闭合路径称为回路，如图 1.8 中的 $acba$、$abda$ 和 $acbda$ 回路。

网孔：内部不含支路的回路称为网孔。图 1.8 中有两个网孔，分别为 $acba$ 和 $abda$。

基尔霍夫电流定律(简称 KCL)：在电路中，对任一结点，在任一时刻，流入结点的电流之和等于流出结点的电流之和，即 $\sum I_\text{入} = \sum I_\text{出}$。图 1.8 中，对于结点 a 有 $I_1 = I_2 + I_3$。

若规定流入结点的电流为正，流出结点的电流为负，则基尔霍夫电流定律还可表述为：对任一结点各支路的电流代数和为零，即 $\sum I = 0$。图 1.8 中，对于结点 a 有 $I_1 - I_2 - I_3 = 0$。

基尔霍夫电流定律的推广：在任一时刻，流出任一闭合面(广义结点)的电流之和等于流入该闭合面的电流之和。如图 1.9 中有 $I_3 + I_6 = I_4$。

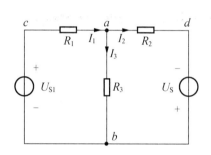

图 1.8　电路举例

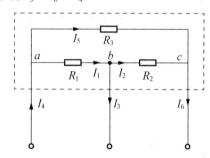

图 1.9　基尔霍夫电流定律举例

基尔霍夫电流定律的本质是电流连续性的表现，即流入结点的电流等于流出结点的电流。

对于一个具有 n 个结点的电路，根据基尔霍夫电流定律只能列出 $n-1$ 个独立数学方程。与这些独立方程对应的结点叫独立结点。

1.3.2　基尔霍夫电压定律

基尔霍夫电压定律(简称 KVL)：在电路中，任一时刻，沿任一回路，所有支路电压的代数和恒等于零，即对任一回路有 $\sum U = 0$。

用基尔霍夫电压定律列回路方程，首先必须假定回路的绕行方向，当电压参考方向与假定回路绕行方向一致时，则该支路电压取正；反之，支路电压取负。

以图 1.10 为例说明如何列写基尔霍夫电压定律方程。该电路有 3 个回路Ⅰ、Ⅱ、Ⅲ，取回路绕行方向如图 1.10 所示，则

对于回路Ⅰ：　　　　　　　　　$-U_1 + U_3 - U_2 = 0$

对于回路Ⅱ：　　　　　　　　　$-U_3 + U_4 - U_5 = 0$

对于回路Ⅲ：　　　　　　　　　$-U_1 + U_4 - U_5 - U_2 = 0$

基尔霍夫电压定律的推广：开口二端电路，也可假想成一闭合回路。如图 1.11 所示，有 $-U_1 + U_{ab} + U_2 = 0$。

基尔霍夫电压定律的本质是电压与路径无关，它反映了能量守恒定律。

对于一个具有 n 个结点，m 条支路的电路，独立的基尔霍夫电压定律方程数为 $m - (n-1)$，等于网孔数，故按网孔列写的基尔霍夫电压定律方程均为独立方程。

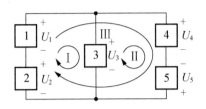

图 1.10　基尔霍夫电压定律电路

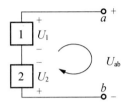

图 1.11　基尔霍夫电压定律的推广

【例 1.3】 求图 1.12 所示电路的开路电压 U_{ab}。

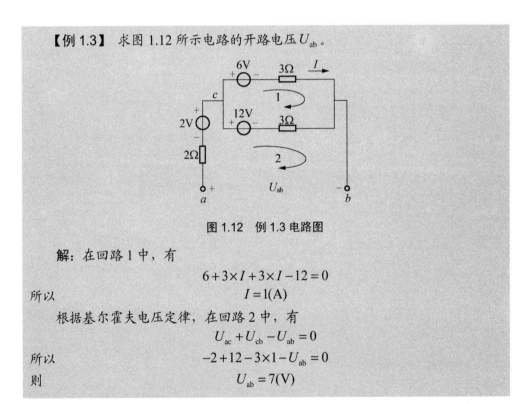

图 1.12　例 1.3 电路图

解：在回路 1 中，有

$$6 + 3 \times I + 3 \times I - 12 = 0$$

所以

$$I = 1(\text{A})$$

根据基尔霍夫电压定律，在回路 2 中，有

$$U_{ac} + U_{cb} - U_{ab} = 0$$

所以

$$-2 + 12 - 3 \times 1 - U_{ab} = 0$$

则

$$U_{ab} = 7(\text{V})$$

1.4　电路的基本分析方法

电路的分析与计算要应用欧姆定律和基尔霍夫定律，但对于复杂电路仅仅使用这两大定律是不够的，本节将介绍电源等效变换、支路电流法、叠加定理等基本电路分析方法。

1.4.1 电压源、电流源及其等效变换

在进行电路分析时，电源有两种不同的电路模型，一种是用电压的形式来表示的，称为电压源；另一种是用电流的形式来表示的，称为电流源。

1. 电压源

不论负载怎样变化，都能提供一个确定电压的电源称为理想电压源，简称电压源。其特点是电压源两端的电压为一定值 U_S(直流电压源)或为一确定的时间函数 u_S(交流电压源)。而流过电压源的电流取决于电压源外接的电路。电压源为零在电路中相当于短路。

电压源的电路符号如图 1.13 所示。其中图 1.13(a)所示为直流电压源；图 1.13(b)所示为交流电压源；图 1.13(c)所示为实际电压源模型，用理想电压源 U_S 串联内阻 R_S 来表示。

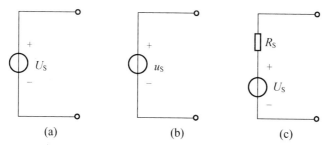

图 1.13　电压源

电压源外特性如图 1.14 所示。其中图 1.14(a)所示为理想电压源外特性，图 1.14(b)所示为实际电压源外特性。

图 1.14　电压源外特性

2. 电流源

不论负载怎样变化，都能提供一个确定电流的电源称为理想电流源，简称电流源。其特点是电流源的电流为一定值 I_S(直流电流源)或为一确定的时间函数 i_S(交流电流源)。而电流源两端的电压取决于电流源外接的电路。电流源为零在电路中相当于开路。

电流源的电路符号如图 1.15 所示。其中图 1.15(a)所示为直流电流源；图 1.15(b)所示为交流电流源；图 1.15(c)所示为实际电流源模型，用理想电流源 I_S 并联内阻 R_S 来表示。

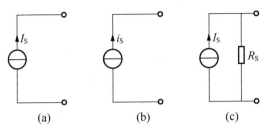

图 1.15　电流源

电流源外特性如图 1.16 所示。其中图 1.16(a)所示为理想电流源外特性，图 1.16(b)所示为实际电流源外特性。由此可见，实际电流源与实际电压源模型具有相同的外特性。

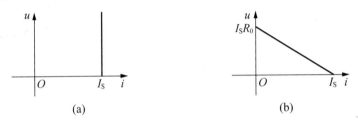

图 1.16　电流源外特性

3. 实际电源的等效变换

实际电流源与实际电压源模型具有相同的外特性，因此可进行等效变换。但进行等效变换时需要注意如下两点。

(1) 电源的两种模型等效变换时，极性必须一致，即电流源流出电流的一端与电压源的正极性端相对应，如图 1.17 所示。

(2) 理想电压源和理想电流源之间不能进行等效变换。

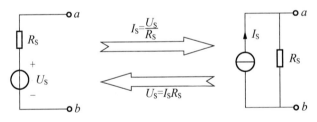

图 1.17　实际电源的等效变换

【例 1.4】　用电源等效变换法解图 1.18(a)所示电路中流过 2Ω 电阻的电流 I。

解：将 6V 电压源串联 1Ω 电阻等效变换为一电流源并联一电阻的形式，电流源电流 $I_S = \dfrac{6}{1} = 6(\text{A})$，电阻 $R_S = 1(\Omega)$，如图 1.18(b)所示。

两并联电流源合并整理得

$$I_S = 6 + 3 = 9(\text{A})$$

如图 1.18(c)所示，所以有

$$I = \frac{1}{1+2} \times 9 = 3 \,(\text{A})$$

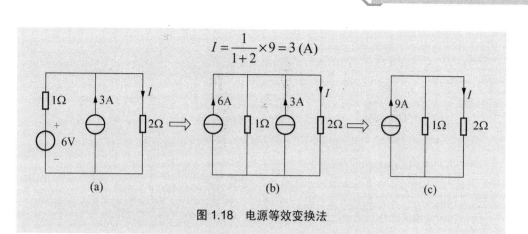

图 1.18 电源等效变换法

【例 1.5】 试将图 1.19 所示的各电源电路分别简化。

解：图 1.19(a)所示电路恒流源与恒压源串联，恒压源无作用；

图 1.19(b)所示电路恒流源与恒压源并联，恒流源无作用；

图 1.19(c)所示电路电阻与恒流源串联，等效时电阻无作用；

图 1.19(d)所示电路电阻与恒压源并联，等效时电阻无作用。

简化各电路，对应的等效电路如图 1.20 所示。

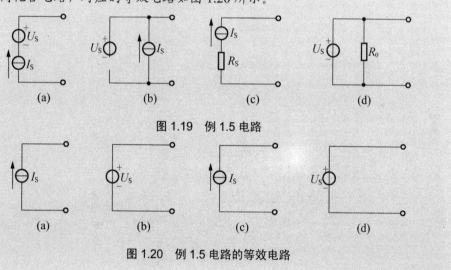

图 1.19 例 1.5 电路

图 1.20 例 1.5 电路的等效电路

1.4.2 支路电流法

以支路电流为未知量，应用基尔霍夫定律列写方程组，求解各支路电流的方法称为支路电流法。

支路电流法分析计算电路的一般步骤如下：

(1) 假定各支路(m 条)电流的参考方向。

(2) 根据基尔霍夫电流定律对 $n-1$ 个独立结点(共有 n 个结点)列写电流方程。

(3) 选取网孔为回路，指定网孔的绕行方向，列写 $m-(n-1)$ 个独立回路电压方程。

(4) 联立方程组求解各支路电流。

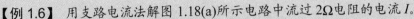

【例1.6】 用支路电流法解图1.18(a)所示电路中流过2Ω电阻的电流I。

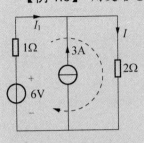

图1.21 支路电流法

解： 设各支路电流参考方向和选定回路绕行方向如图1.21所示。由基尔霍夫电流定律有

$$I_1 + 3 - I = 0 \text{（流入为正，流出为负）}$$

由基尔霍夫电压定律有

$$-6 + I_1 \times 1 + I \times 2 = 0$$

解联立方程组得

$$I_1 = 0(A), \quad I = 3(A)$$

【例1.7】 如图1.22所示电路，$R_1 = 4\Omega$，$R_2 = 2\Omega$，$R_3 = 3\Omega$，$R_4 = 2\Omega$，$R_5 = 1\Omega$，$R_6 = 3\Omega$，$U_1 = 20V$，$U_2 = 13V$，试用支路电流法求解各支路电流。

解： 根据支路电流法解题步骤，在图中标出各支路电流参考方向，如图1.22所示。电路中共有4个结点，任选3个为独立结点：a、b、c。设电流流入结点为正，流出为负，列基尔霍夫电流定律方程

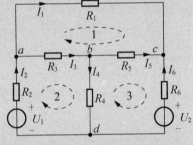

图1.22 例1.7图

结点a: $\qquad -I_1 + I_2 - I_3 = 0$

结点b: $\qquad I_3 - I_4 - I_5 = 0$

结点c: $\qquad I_1 + I_5 + I_6 = 0$

选择网孔为回路，绕行方向均为顺时针方向，列基尔霍夫电压定律方程

网孔1: $\qquad R_1 I_1 - R_3 I_3 - R_5 I_5 = 0$

网孔2: $\qquad R_2 I_2 + R_3 I_3 + R_4 I_4 - U_1 = 0$

网孔3: $\qquad -R_4 I_4 + R_5 I_5 - R_6 I_6 + U_2 = 0$

联立上述6个方程，解方程组得各支路电流

$$I_1 = 1(A), \quad I_2 = 3(A), \quad I_3 = 2(A), \quad I_4 = 4(A), \quad I_5 = -2(A), \quad I_6 = 1(A)$$

1.4.3 叠加定理

叠加定理是线性电路的一个重要定理。不论是进行电路分析还是推导电路中其他电路定理，它都起着十分重要的作用。

叠加定理的内容：在线性电路中，任一条支路的电压或电流都可以看成电路中各个独立电源单独作用时，在该支路产生的电压或电流的代数和。

利用叠加定理进行电路分析时，必须注意如下问题。

(1) 叠加定理只适用于线性电路，对非线性电路不适用。

(2) 独立电流源不作用即 $I_S = 0$，在电流源处相当于开路；独立电压源不作用即 $U_S = 0$，在电压源处相当于短路。

（3）各独立电源单独作用时，各分电路中的电压和电流的参考方向可以取为与原电路中的相同，这样叠加时，各分量前取"+"号；否则取"−"号。

（4）功率不能用叠加定理来计算，因为功率与电压或电流不呈线性关系。

【例 1.8】 用叠加定理求如图 1.23(a)所示电路中流过 2Ω 电阻的电流 I。

解： 根据叠加定理，2Ω 电阻的电流 I 等于电压源、电流源单独作用对其产生的电流的叠加，即有

电压源单独作用时，如图 1.23(b)所示，有

$$I' = \frac{6}{1+2} = 2(\text{A})$$

电流源单独作用时，如图 1.23(c)所示，有

$$I'' = \frac{3}{1+2} \times 1 = 1(\text{A})$$

所以，总电流为

$$I = I' + I'' = 2 + 1 = 3(\text{A})$$

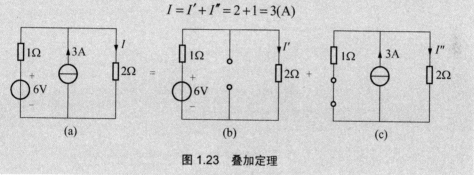

图 1.23　叠加定理

1.4.4　戴维宁定理

【参考视频】

在实际计算过程中，有时往往只需要计算复杂电路中某一支路的电流，而无需求出所有支路的电流，应用戴维宁定理来求解更为简便。此法是将待求支路从电路中取出，把其余电路用一个等效电源来代替，把复杂的电路化为简单的电路再进行求解。

戴维宁定理的内容：任何一个线性有源二端网络 N_S[图 1.24(a)]，都可以用一个含源支路即一个电压源和电阻的串联组合来等效代替[图 1.24(b)]，其中电阻等于把此有源二端网络化成无源二端网络(电压源短路、电流源开路)时从两个端子看进去的等效电阻 R_{eq}，电压源的电压等于有源二端网络 N_S 两个端子间的开路电压 u_{oc}。

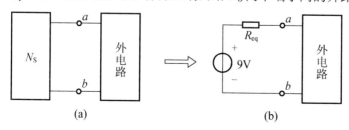

图 1.24　戴维宁定理

【例 1.9】 用戴维宁定理，求图 1.23(a)所示电路中流过 2Ω 电阻的电流 I。

解: (1) 将待求支路 2Ω 电阻支路断开，如图 1.25(a)所示。求有源二端网络的开路电压 U_{oc}，则

$$U_{oc} = 3 \times 1 + 6 = 9(V)$$

(2) 将电压源短路、电流源开路，求从 a、b 两端看进去的等效电阻 R_{eq}，如图 1.25(b)所示，则

$$R_{eq} = 1(\Omega)$$

(3) 将待求支路接入戴维宁等效电路，如图 1.25(c)所示，所求电流为

$$I = \frac{9}{1+2} = 3(A)$$

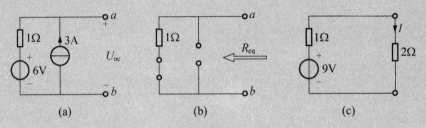

图 1.25 戴维宁定理举例

这一结果与应用叠加原理求得的结果相同。

习　题

一、填空题

1. _____ 是产生电流的根本原因，电路中某点到参考点间的 _____ 称为该点的电位，任意两点之间的电位差值等于两点的 _____。

2. 元件上电压和电流关系成正比的电路称为 _____ 电路，此电路中 _____ 和 _____ 均具有叠加性，但电路中的 _____ 不具有叠加性。

3. 由伏安特性可知，电阻元件为 _____ 元件，电感元件为 _____ 元件；从耗能的角度看，电感属于 _____ 元件，电阻为 _____ 元件。

4. 电流和电压参考方向不同时称为 _____ 方向，此时计算出的功率为正值，说明元件 _____ 电能；功率为负值，说明元件 _____ 电能。

5. 电压源和电流源等效变换的条件是 _____ 和 _____。

二、判断题

(　　) 1. 电源的两种模型等效变换时，极性必须一致，即电流源流出电流的一端与电压源的正极性端相对应。

(　　) 2. 理想电流源输出恒定的电流，其输出端电压由内阻决定。

(　　) 3. 理想电流源和理想电压源可以进行等效变换。

( ) 4. 计算电路中的电流、电压和功率时都可以用叠加定理。

( ) 5. 电阻与理想电流源串联电路进行等效变换时电阻无用。

三、选择题

1. 电压源和电流源串联电路中，实际提供能量的是( )。

    A. 电压源   B. 电流源

    C. 两者都发出   D. 两者都不发出

2. 下面关于电压源和电流源变换叙述不正确的是( )。

    A. 电源变换前后应保持对外电路等效

    B. 电压源可等效为电流源并联等效电阻

    C. 理想电压源可以等效为理想电流源

    D. 电流源可等效为电压源串联等效电阻

3. 叠加定理适用于( )。

    A. 直流线性电路   B. 交流线性电路

    C. 非线性电路   D. 任何线性电路

4. 恒流源与恒压源并联，( )。

    A. 恒流源无作用   B. 恒流源与恒压源都有作用

    C. 恒压源无作用   D. 无法判断

5. 电压源开路时，该电压源内部( )。

    A. 有电流，有损耗   B. 无电流，无损耗

    C. 无电流，有损耗   D. 有电流，无损耗

四、应用题

1. 求图 1.26 所示电路中的电流 I。

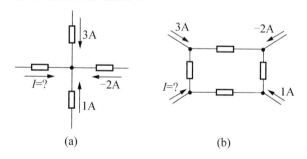

(a)   (b)

图 1.26　应用题 1 题图

2. 求图 1.27 所示电路中的 U_3 和 U_{ca}。

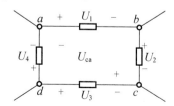

图 1.27　应用题 2 题图

3. 求图 1.28 所示电路中的电压 U。

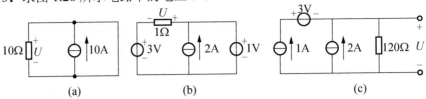

(a)   （b)   （c)

图 1.28　应用题 3 题图

4. 求图 1.29 所示电路中的电压 U 和电流 I。

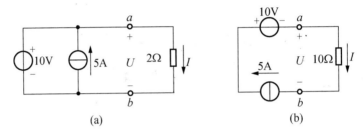

(a)   （b)

图 1.29　应用题 4 题图

【参考图文】

5. 用叠加定理求图 1.30 所示电路中的电流 I；欲使 $I=0$，求 U_S。

6. 图 1.31 所示电路中，已知 $U_{ab}=0$，试用叠加定理求 U_S。

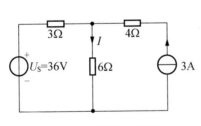

图 1.30　应用题 5 题图

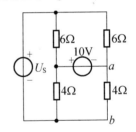

图 1.31　应用题 6 题图

7. 求图 1.32 所示电路中各电压源、电流源的功率。

8. 设有两台直流发电机并联工作，共同供给 $R=24\Omega$ 的负载电阻。其中一台的理想电压源电压 $U_{S1}=130V$，内阻 $R_1=1\Omega$；另一台的理想电压源电压 $U_{S2}=117V$，内阻 $R_2=0.6\Omega$。试用支路电流法求图 1.33 所示电路中负载电流 I。

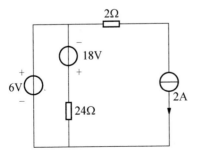

图 1.32　应用题 7 题图

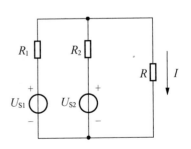

图 1.33　应用题 8 题图

第 2 章

正弦交流电路

教学目标

(1) 熟悉、理解正弦交流电和三相交流电的基本概念。

(2) 掌握正弦交流电和三相交流电的分析方法。

(3) 牢固掌握单一参数正弦交流电路的分析方法。

(4) 掌握对称三相交流电路的特点及分析方法。

日常生产和生活中我们除了用到直流电路外，还有电压和电流随时间变化的电路，即交流电路。发电厂生产出来的及带动生产机械运转的发动机驱动电路是随时间按正弦规律变化的交流电，收音机、电视机、计算机等也都采用的是正弦交流电。

2.1 正弦交流电的表示方法

直流电路中电压和电流的大小和方向(极性)不随时间变化,而生产和生活中遇到的更多的是电压和电流随时间变化的电路(如三角波和正弦波等),我们称之为交流电路,其中最常见的是按正弦规律变化的正弦交流电,如图 2.1 所示。

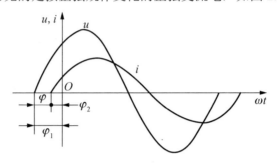

图 2.1 正弦交流电压和电流

正弦交流电路的表示方法有瞬时值表示法和相量表示法两种。

2.1.1 正弦交流电的瞬时值表示法

交流电的瞬时值用小写字母 i、u 和 e 表示,其波形图如图 2.1 所示。以 i 为例,它的表达式可写成

$$i = I_{\mathrm{m}} \sin(\omega t + \varphi) \tag{2-1}$$

其中幅值 I_{m}、角频率 ω 和初相 φ 称为交流电的三要素。如果已知这三个量,交流电的瞬时值即可确定。

1. 三要素

1) 幅值

幅值是交流电的最大值,表示交流电的强度。用带下标 m 的字母表示,如式(2-1)中的 I_{m}。

在分析和计算正弦交流电路的问题时,常用的是有效值。有效值是根据交流电流与直流电流热效应相等的原则规定的。即交流电流的有效值是热效应与它相等的直流电流的数值。有效值用大写字母 I、U 等表示。有效值与幅值的关系为

$$U_{\mathrm{m}} = \sqrt{2} U \tag{2-2}$$

在电工电子技术中,通常所说的交流电数值如不作特殊说明均指有效值;在测量交流电路的电压、电流时,仪表指示的数值通常也都是交流电的有效值;各种交流电器设备铭牌上的额定电压和电流一般均指其有效值。

2) 频率

正弦量变化一次所需要的时间称为周期,用 T 表示,单位是 s(秒)。正弦量每秒变化的次数称为频率,用 f 表示,单位是 Hz(赫[兹])。可见周期与频率互为倒数,即

$$T = \frac{1}{f} \quad 或 \quad f = \frac{1}{T} \tag{2-3}$$

在我国，工业用电的标准频率为 50Hz(美国等采用 60Hz)，这种频率在工业上广泛应用，习惯也称为工频。在电工技术中正弦量变化快慢还常用角频率表示，它表示一个周期内经历了 2π 度，角频率用 ω 表示，单位是 rad/s(弧度每秒)。它与频率和周期的关系为

$$\omega = \frac{2\pi}{T} \quad 或 \quad \omega = 2\pi f \tag{2-4}$$

3) 初相位

式(2-1)中 $(\omega t + \varphi)$ 反映了正弦量随时间变化的进程，称为正弦量的相位。$t = 0$ 的相位 φ 称为初相角，简称初相。为了比较两个同频率正弦量在变化过程中的相位关系和先后顺序，我们引入相位差的概念，用 φ 来表示相位差。图 2.1 的正弦交流电压和电流的相位差为：$\varphi = (\omega t + \varphi_1) - (\omega t + \varphi_2) = \varphi_1 - \varphi_2$，相位差等于它们的初相之差，与时间 t 无关。需要注意的是只有同频率的正弦量才能比较相位。另外，相位差和初相都规定不得超过 $\pm 180°$。

根据相位差的正负可以定义两个相量相位的超前和滞后关系，如果相位差为正，则称为超前；相位差为负，则称为滞后，图 2.1 中我们称电压超前电流 φ 角。

在交流电路中，常常需要研究多个同频率正弦量之间的关系，为了方便起见，可以选其中某一个正弦量作为参考，称为参考正弦量。令参考正弦量的初相 $\varphi = 0$，其他各正弦量的初相，即为该正弦量与参考正弦量的相位差(或初相差)。

【例 2.1】 已知正弦电压和电流的瞬时值表达为 $u = 310\sin(\omega t - 45°)$ (V)，$i_1 = 14.1\sin(\omega t - 30°)$ (A)，$i_2 = 28.2\sin(\omega t + 45°)$ (A)，试以电压 u 为参考正弦量重新写出各量的瞬时值表达式。

解：若以电压 u 为参考正弦量，则电压的 u 表达式为

$$u = 310\sin\omega t \text{ (V)}$$

由于 i_1 与 u 的相位差为 $\varphi_1 = \psi_{i1} - \psi_u = -30° - (-45°) = 15°$

故电流 i_1 的瞬时值表达式为 $i_1 = 14.1\sin(\omega t + 15°)$ (A)

由于 i_2 与 u 的相位差为 $\varphi_2 = \psi_{i2} - \psi_u = 45° - (-45°) = 90°$

故电流 i_2 的瞬时值表达式为 $i_2 = 28.2\sin(\omega t + 90°)$ (A)

2.1.2　正弦交流电的相量表示法

上述波形图和三角函数能明确表示正弦量的三要素，但是不便于分析计算。相量法将有效解决这个问题。用复数表示交流电的方法，称为交流电的相量表示法。

一个带有方向的线段可以表示一个矢量，下面我们讨论旋转有向线段与正弦量的关系，从而推导出正弦量采用相量表示的方法。

(1) 旋转的有向线段(矢量)可用来表示正弦量。

图 2.2 是正弦电压 $u = U_m \sin(\omega t + \varphi)$ 的波形，有向线段 A 在 xy 坐标系中以角速

度 ω 作逆时针旋转，A 的长度代表正弦量的幅值 U_m，它的初始位置与 x 轴正方向的夹角等于正弦量的初相 φ。可见，旋转的有向线段 A 具有了正弦量的三个特征，所以可用来表示正弦量。

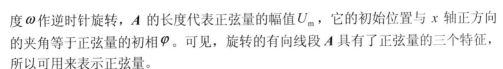

图 2.2　用正弦波形和旋转有向线段表示正弦量

(2) 旋转的有向线段也可用复数表示。

有向线段 A 也可用复数表示，在直角坐标系中，设横轴为实轴，单位用 +1 表示；纵轴为虚轴，单位用 +j 表示，则构成的复平面如图 2.3 所示。有向线段 A 用复数表示为

$$A = a + \mathrm{j}b \tag{2-5}$$

式中，$a = r\cos\varphi$，为复数的实部；$b = r\sin\varphi$，为复数的虚部；$r = \sqrt{a^2 + b^2}$，为复数的模；$\varphi = \arctan\dfrac{b}{a}$，为复数的幅角。

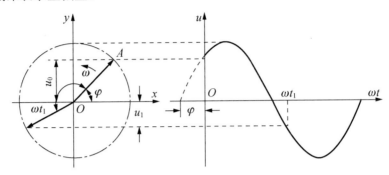

图 2.3　有向线段复数表示

根据以上关系可得出复数常用的两种表示形式，即代数式和极坐标式。

$$\left.\begin{array}{l} A = a + \mathrm{j}b \\ A = r\angle\varphi \end{array}\right\} \tag{2-6}$$

(3) 由上述可知，正弦量可以用矢量表示，而矢量又可以用复数表示，因而正弦量可以用复数可表示。

用复数表示的正弦量称为相量，为了与一般的复数区别，规定正弦量的相量用上方加 "·" 的大写字母表示。例如，正弦电流 $i = I_\mathrm{m}\sin(\omega t + \varphi)$，其相量形式可写成 $\dot{I} = I\angle\varphi = I(\cos\varphi + \mathrm{j}\sin\varphi) = a + \mathrm{j}b$，式中，$a = I\cos\varphi$，$b = I\sin\varphi$。

【例 2.2】　写出 $i_1 = 30\sin\omega t$，$i_2 = 10\sin(\omega t + 45°)$ 的相量形式(极坐标式或代数形式)。

解：$\dot{I}_1 = \dfrac{30}{\sqrt{2}}\angle 0° = 15\sqrt{2}\angle 0°\,\mathrm{A}$　或　$\dot{I} = 15\sqrt{2}(\cos 0° + \mathrm{j}\sin 0°) = 15\sqrt{2}\,\mathrm{A}$

$\dot{I}_2 = \dfrac{10}{\sqrt{2}}\angle 45° = 5\sqrt{2}\angle 45°\,\mathrm{A}$　或　$\dot{I}_2 = 5\sqrt{2}(\cos 45° + \mathrm{j}\sin 45°) = 5 + \mathrm{j}5\,\mathrm{A}$

对于相量的计算，加减法采用代数形式比较简单，规则是实部和虚部分别相加

减；乘除法采用极坐标形式比较简单，规则是模相乘除，幅角相加减。设有两相量
$\dot{A} = a_1 + ja_2 = A\angle\varphi_1$，　$\dot{B} = b_1 + jb_2 = B\angle\varphi_2$

(1) 加法

$$\dot{A} + \dot{B} = (a_1 + b_1) + j(a_2 + b_2) \tag{2-7}$$

(2) 减法

$$\dot{A} - \dot{B} = (a_1 - b_1) + j(a_2 - b_2) \tag{2-8}$$

(3) 乘法

$$\dot{A}\dot{B} = (A\angle\varphi_1) \cdot (B\angle\varphi_2) = AB\angle(\varphi_1 + \varphi_2) \tag{2-9}$$

(4) 除法

$$\frac{\dot{A}}{\dot{B}} = \frac{A\angle\varphi_1}{B\angle\varphi_2} = \frac{A}{B}\angle(\varphi_1 - \varphi_2) \tag{2-10}$$

相量只是正弦交流电的一种表示方法和运算工具，只有同频率的正弦交流电才能进行相量运算，所以相量运算只含有交流电的有效值(或幅值)和初相两个要素。

正弦量的大小和初始相位可以用相量表示，表示相量的图形为相量图。因此，在相量图中还可以直观地表示各正弦量相位的超前与滞后情况。

【例2.3】　已知交流电 u_1 和 u_2 的有效值分别为 $U_1 = 100\mathrm{V}$，$U_2 = 60\mathrm{V}$，u_1 超前 u_2 60°，求：(1)总电压的有效值，并画出相量图；(2)总电压 u 与 u_1 及 u_2 的相位差。

解： 本题未给出电压的初相，只给出了 u_1 和 u_2 的有效值和相位差，所以相位差即为初相差 $\varphi = \psi_1 - \psi_2 = 60°$。现可任选 u_1 和 u_2 其中之一为参考相量(参考正弦量的相量形式)，若选择 u_1 为参考相量，那么 $\psi_1 = 0°$，则两电压的有效值相量分别为

$$\dot{U}_1 = U_1\angle\psi_1 = 100\angle0° = 100(\mathrm{V})$$

$$\dot{U}_2 = U_2\angle\psi_2 = 60\angle-60° = 30 - j51.96(\mathrm{V})$$

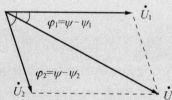

图 2.4　例 2.3 的相量图

总电压的有效值相量为

$$\dot{U} = \dot{U}_1 + \dot{U}_2 = 100 + 30 - j51.96$$
$$= 130 - j51.96 = 140\angle-21.79°(\mathrm{V})$$
$$U = 140(\mathrm{V})$$

相量图如图 2.4 所示。作图时，将参考相量 $\dot{U}_1$ 画在正实轴位置。在这种情况下，

坐标轴可省去不画。根据 $\dot{U}_2$ 与 $\dot{U}_1$ 的相位差确定 $\dot{U}_2$ 的位置，并画出 $\dot{U}_2$，然后利用平行四边形法则作出 $\dot{U}$。

2.2 单一参数的交流电路

分析正弦交流电路与直流电路一样，主要是确定电路中的电压与电流间的关系。实际元件的电特性比较复杂，但在一定的条件下某一电特性为影响电路的主要因素时，其余电特性往往忽略，即构成单一参数(电阻、电感和电容)的正弦交流电路模型。

2.2.1 电阻电路

电路中导线和负载上产生的热损耗及用电器吸收的不可逆的电能，都通常归结于电阻，电阻元件的参数用 R 表示。

1. 电压、电流关系

日常生活中所用的白炽灯、电饭锅、热水器等在交流电路中都可以看成电阻元件，如图 2.5(a)所示。

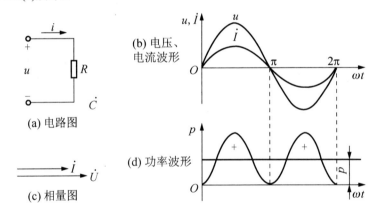

图 2.5　电阻元件交流电路

其中图 2.5(a)为电路图，设加在电阻两端的电压为参考相量(初相角为零)

$$u_{\mathrm{R}} = U_{\mathrm{Rm}} \sin \omega t \tag{2-11}$$

则任一瞬间通过电阻元件的电流为

$$i_{\mathrm{R}} = \frac{u_{\mathrm{R}}}{R} = \frac{U_{\mathrm{Rm}} \sin \omega t}{R} = I_{\mathrm{Rm}} \sin \omega t \tag{2-12}$$

比较式(2-11)、式(2-12)可知，电阻元件上的电压和电流之间相位上存在同相关系，波形如图 2.5(b)所示。电阻元件上的电压和电流的上述关系，还可以用图 2.5(c)所示相量图的形式表示。

可见，电阻电路中欧姆定律的相量形式为

$$\dot{U} = R\dot{I} \tag{2-13}$$

2. 电阻元件的功率

电阻上的瞬时功率

$$p = ui = U_{\mathrm{m}}I_{\mathrm{m}}\sin^2\omega t = UI(1 - \cos 2\omega t) = UI - UI\cos 2\omega t \tag{2-14}$$

由此可见，功率 P 的频率是 i 的频率的两倍，其波形如图 2.5(d)所示。由波形图可见功率虽然随时间变化，但均为正值。由波形图和式(2-14)即可得出平均功率

$$P = UI = I^2R = \frac{U^2}{R} \tag{2-15}$$

平均功率也可以通过积分计算求得

$$P = \frac{1}{T}\int_0^T p\mathrm{d}t = UI$$

由波形图可知，P 为正值，说明电阻是吸收功率的元件，它把电功率转换成其他有用的功率消耗掉了，所以称电阻为耗能元件。其平均功率又称为有功功率。通常交流电器设备上铭牌上所标示的额定功率就是平均功率。

2.2.2 电感电路

电机、变压器等电气设备，核心部件均包含用漆包线绕制而成的线圈，若忽略电阻不计，这个线圈的电路模型可用一个理想的电感元件作为其电路模型。电感元件的参数用 L 表示。

1. 电压、电流关系

电感元件的交流电路如图 2.6 所示。

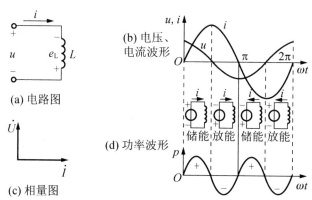

图 2.6　电感元件的交流电路

图 2.6(a)为电感元件电路图，设流过电感的电流为参考相量(初相位为零)

$$i_{\mathrm{L}} = I_{\mathrm{Lm}}\sin\omega t \tag{2-16}$$

根据电感元件上的伏安关系，可得

$$u_{\mathrm{L}} = L\frac{\mathrm{d}(I_{\mathrm{Lm}}\sin\omega t)}{\mathrm{d}t} = I_{\mathrm{Lm}}\omega L\cos\omega t = U_{\mathrm{Lm}}\sin(\omega t + 90^\circ) \tag{2-17}$$

即有

$$U_{Lm} = I_{Lm}\omega L = I_{Lm}2\pi f L \quad 或 \quad I_L = \frac{U_L}{2\pi fL} = \frac{U_L}{\omega L} = \frac{U_L}{X_L} \tag{2-18}$$

比较式(2-16)、式(2-17)可知，电感元件上的电压超前电流90°。电感电路中欧姆定律的相量形式为

$$\dot{U} = jX_L\dot{I} \quad 或 \quad \dot{I} = \frac{\dot{U}}{jX_L} \tag{2-19}$$

式(2-18)中的 $X_L = \omega L = 2\pi fL$ 称为电感元件的电感电抗，简称感抗(Ω)。感抗反映了电感元件对正弦交流电流的阻碍作用。感抗与交流电路的频率成正比，频率越高感抗越大。直流电路中频率 $f = 0$，则感抗也为零，所以直流电路中电感元件相当于短路；高频情况下，电感元件呈现极大的感抗，把这时的电感线圈称作扼流圈。

电感元件交流电路的电压与电流的波形如图 2.6(b)所示，电感元件上的电压和电流的上述关系，还可以用图 2.6(c)所示相量图的形式表示。

2. 电感元件的功率

电感元件上的瞬时功率等于电压瞬时值与电流瞬时值的乘积，即

$$\begin{aligned}
p_L &= u_L i_L = U_{Lm}\sin(\omega t + 90°)I_{Lm}\sin\omega t \\
&= U_{Lm}I_{Lm}\cos\omega t \sin\omega t \\
&= U_L I_L \sin 2\omega t
\end{aligned} \tag{2-20}$$

显然，电感元件上的瞬时功率是以两倍于电压、电流的频率关系按正弦规律交替变化的，如图 2.6(d)所示。由图可见，正弦交流电的第一、三个四分之一周期，电压、电流方向关联，因此元件在这两段时间内从电路吸收电能，并将吸收的电能转换成磁场能存储在元件周围，瞬时功率 p_L 为正值；第二、四个四分之一周期，电压、电流方向非关联，元件向外供出能量，即把元件周围的磁场能释放出来送还给电路，因此瞬时功率 p_L 为负值。在一个周期内，瞬时功率交变两次，平均功率 P_L 等于零。电感元件上只有能量交换而没有能量消耗，因此，电感元件是储能元件。虽然电感元件不耗能，但它与能源之间的能量交换客观存在。电工技术中，为衡量电感元件上能量交换规模，引入无功功率的概念，用 Q_L 表示，其数量上等于瞬时功率的最大值，即

$$Q_L = U_L I_L = I_L^2 X_L = \frac{U_L^2}{X_L} \tag{2-21}$$

为了区别于有功功率，无功功率的单位用 var(乏[尔])计量。

【例 2.4】 在功放机的电路中，有一个高频扼流线圈，用来阻挡高频而让音频信号通过，已知扼流线圈的电感 $L = 10\text{mH}$，求它对电压为 5V，频率为 $f_1 = 500\text{kHz}$ 的高频信号及对 $f_2 = 1\text{kHz}$ 的音频信号的感抗及无功功率。

解: $\quad X_{L1} = 2\pi f_1 L = 2 \times 3.14 \times 500 \times 10(\Omega) = 31.4(\text{k}\Omega)$

$$I_1 = \frac{U}{X_L} = \frac{5}{31.4} = 0.16(\text{mA})$$

$$Q_1 = I_1 U = 0.16 \times 5 = 0.8(\text{mvar})$$

$$X_{L2} = 2\pi fL = 2 \times 3.14 \times 1 \times 10 = 62.8(\Omega)$$

$$I_2 = \frac{U}{X_{L2}} = \frac{5}{62.8}(A) = 79.62(mA)$$

$$Q_2 = I_2 U = 79.62 \times 5 = 398(mvar)$$

2.2.3　电容电路

电工电子中应用的电容器，大多由于漏电及介质损耗很小，其电磁特性与理想电容元件很接近，因此，一般可用理想电容元件直接作为其电路模型。

1.　电压、电流关系

电容元件的交流电路如图 2.7 所示。

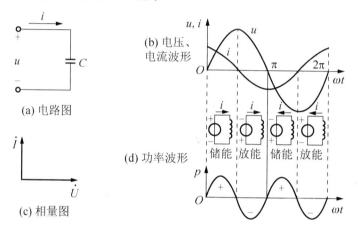

图 2.7　电容元件的交流电路

图 2.7(a)为电容元件电路图，设电容两端的电压为参考相量(初相角为零)

$$u_C = U_{Cm}\sin \omega t \tag{2-22}$$

根据电容元件上的伏安关系可得

$$i_C = C\frac{du_C}{dt} = C\frac{dU_{Cm}\sin \omega t}{dt} = \omega CU_{Cm}\cos \omega t = I_{Cm}\sin(\omega t + 90^\circ) \tag{2-23}$$

即有

$$I_{Cm} = U_{Cm}\omega C = U_{Cm}2\pi fC \quad 或 \quad I_C = U_C\omega C = \frac{U_C}{X_C} \tag{2-24}$$

比较式(2-22)、式(2-23)可知，电容元件上的电压滞后电流 90°。电容电路欧姆定律的相量形式为

$$\dot{U} = -jX_C\dot{I} \quad 或 \quad \dot{I} = \frac{\dot{U}}{-jX_C} = j\frac{\dot{U}}{X_C} \tag{2-25}$$

式(2-24)中的 $X_C = \dfrac{1}{\omega C} = \dfrac{1}{2\pi fC}$ 称为电容元件的电抗，简称容抗(Ω)。容抗和感抗类似，反映了电容元件对正弦交流电流的阻碍作用，容抗与交流电路的频率成反

比，频率越高容抗越小。直流电路中频率 $f = 0$，则容抗趋近无穷大，所以直流电路中电容元件相当于开路；高频情况下，容抗极小，电容元件又可视为短路。

电容元件交流电路的电压与电流的波形如图 2.7(b)所示，电容元件上的电压和电流的上述关系，还可以用图 2.7(c)所示相量图的形式表示。

2. 电容元件的功率

电容元件上的瞬时功率等于电压瞬时值与电流瞬时值的乘积，即

$$
\begin{aligned}
p_C = u_C i &= U_{Cm}\sin\omega t I_{Cm}\sin(\omega t + 90°) \\
&= U_{Cm}I_{Cm}\sin\omega t\cos\omega t \\
&= U_C I_C \sin 2\omega t
\end{aligned}
\tag{2-26}
$$

显然，电容元件上的瞬时功率是以两倍于电压、电流的频率关系按正弦规律交替变化的，如图 2.7(d)所示。由图可见，正弦交流电的第一、三个四分之一周期，电压、电流方向关联，因此元件在这两段时间内从电路吸收电能，并将吸收的电能转换成极间电场能存储在电容元件极板上，瞬时功率 p_C 为正值；第二、四个四分之一周期，电压、电流方向非关联，元件向外供出能量，即把极板上的电荷释放出来还给电源，因此瞬时功率 p_C 为负值。在一个周期内，瞬时功率交变两次，平均功率 P_C 等于零。电容元件上只有能量交换而没有能量消耗，因此，电容元件也是储能元件。虽然电容元件不耗能，但它与能源之间的能量交换客观存在。电工技术中，为衡量电容上能量交换的规模，用 Q_C 表示电容的无功功率，其数量上等于瞬时功率的最大值，即

$$
Q_C = U_C I_C = I_C{}^2 X_C = \frac{U_C^2}{X_C}
\tag{2-27}
$$

Q_C 的单位也是 var(乏[尔])或 kvar(千乏)。

【例 2.5】 在收录机的输出电路中，常利用电容来短掉高频干扰信号，保留音频信号。如高频滤波的电容为 0.1μF，干扰信号的频率 f_1=1000kHz，音频信号的频率 f_2=1kHz，求两者的容抗。

解：
$$
X_{C1} = \frac{1}{2\pi f_1 C} = \frac{1}{2\times3.14\times1000\times0.1\times10^{-3}} = 1.6(\Omega)
$$

$$
X_{C2} = \frac{1}{2\pi f_2 C} = \frac{1}{2\times3.14\times1\times0.1\times10^{-3}} = 1.6(\Omega)
$$

2.3 电阻、电感、电容元件串联电路

【参考视频】

单一参数的正弦交流电路属于理想化电路，而实际电路往往由多参数组合而成。例如，电动机、继电器等设备都含有线圈，线圈通电后总要发热，说明实际线圈不仅有电感，而且存在发热电阻。

2.3.1　电压三角形

图 2.8 所示为是由电阻 R、电感 L 和电容 C 相互串联的正弦交流电路，这三个元件流过同一个电流 i，电流与各个电压参考方向如图 2.8(a)所示。u、u_R、u_L、u_C 和 i 的相量用 $\dot{U}$、$\dot{U}_R$、$\dot{U}_L$、$\dot{U}_C$ 和 $\dot{I}$ 表示，其相量模型如图 2.8(b)所示，由图可知

$$\dot{U} = \dot{U}_R + \dot{U}_L + \dot{U}_C = R\dot{I} + jX_L\dot{I} + (-jX_C\dot{I}) = [R + j(X_L - X_C)]\dot{I} \tag{2-28}$$

式(2-28)称为基尔霍夫电压定律的相量表示式，用相量图表示如图 2.8(c)所示。由图 2.8(c)可见，$\dot{U}_R$、$\dot{U}_L - \dot{U}_C$、$\dot{U}$ 组成一个直角三角形，称为电压三角形。

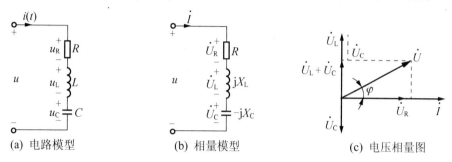

(a) 电路模型　　　　　(b) 相量模型　　　　　(c) 电压相量图

图 2.8　R、L 与 C 串联的交流电路

利用这个三角形可以求得电源电压的有效值，即

$$\begin{aligned}
U &= \sqrt{U_R^2 + (U_L - U_C)^2} \\
&= \sqrt{(IR)^2 + (X_L I - X_C I)^2} \\
&= \sqrt{R^2 + (X_L - X_C)^2}\, I
\end{aligned} \tag{2-29}$$

电压与电流之间的相位差 φ 也可从中得出，即

$$\varphi = \arctan\frac{U_L - U_C}{U_R} \tag{2-30}$$

2.3.2　阻抗三角形

由式(2-29)可进一步得到

$$\dot{U} = \dot{I}\sqrt{R^2 + (X_L - X_C)^2}\,\angle\arctan\frac{X_L - X_C}{R} = \dot{I}\,|Z|\,\angle\varphi \tag{2-31}$$

式中的 Z 称为复阻抗，其模值 $|Z|$ 反映了电阻、电感和电容串联电路对正弦交流电流所产生的总的阻碍作用，称为正弦交流电的阻抗，即

$$|Z| = \sqrt{R^2 + (X_L - X_C)^2} \tag{2-32}$$

复阻抗 Z 的幅角 φ 可表示为

$$\varphi = \arctan\frac{X_L - X_C}{R} \tag{2-33}$$

从式(2-33)可知，当频率一定时，φ 的大小由电路负载参数决定，即
(1) 若 $X_L > X_C$，则 $\varphi > 0$，此时电压超前电流 φ 角，电路呈感性。
(2) 若 $X_L < X_C$，则 $\varphi < 0$，此时电压滞后电流 φ 角，电路呈容性。

(3) 若 $X_L = X_C$，则 $\varphi = 0$，此时电压与电流同相位，电路呈阻性。

【例 2.6】 已知 RLC 串联电路的电路参数为 $R = 100\Omega$、$L = 300\,\text{mH}$、$C = 100\mu\text{F}$，接于 100V、50Hz 的交流电源上，试求电流 I，并以电源电压为参考相量写出电压和电流的瞬时值表达式。

解： 感抗 $\quad X_L = \omega L = 2\pi f L = 2\pi \times 50 \times 300 \times 10^{-3} = 94.2(\Omega)$

容抗 $\quad\quad X_C = \dfrac{1}{2\pi f C} = \dfrac{1}{2\pi \times 50 \times 100 \times 10^{-6}} = 31.8(\Omega)$

阻抗 $\quad |Z| = \sqrt{R^2 + (X_L - X_C)^2} = \sqrt{100^2 + (94.2 - 31.8)^2} = 117.8(\Omega)$

故电流 $\quad\quad I = \dfrac{U}{|Z|} = \dfrac{100}{117.8}(\text{A}) = 0.85\,(\text{A})$

以电源电压为参考相量，则电源电压的瞬时值表达式为

$$u = 100\sqrt{2}\sin\omega t\,(\text{V})$$

又因阻抗角 $\quad \varphi = \arctan\dfrac{X}{R} = \arctan\dfrac{94.2 - 31.8}{100} = 32°$

故电流的瞬时值表达式为 $i = 0.85\sqrt{2}\sin(\omega t - 32°)\,(\text{A})$

【例 2.7】 已知某继电器的电阻为 $2\text{k}\Omega$，电感为 43.3H，接于 380V 的工频交流电源上。试求通过线圈的电流及电流与外加电压的相位差。

解： 这是 RL 串联电路，可看成是 $X_C = 0$ 的 RLC 串联电路。电路中的电抗为

$$X = X_L = 2\pi f L = 2\pi \times 50 \times 43.3 = 13600(\Omega)$$

复阻抗 $\quad Z = R + jX = 2000 + \text{j}13600 = 13700\angle 81.63°\,(\Omega)$

若以外加电压 $\dot{U}$ 为参考相量，即令 $\dot{U} = 380\angle 0°\,\text{V}$，则通过线圈的电流数值和相位可一并求出

$$\dot{I} = \dfrac{\dot{U}}{Z} = \dfrac{380}{13700}\angle(0° - 81.63°) = 27.7\angle -81.63°\,(\text{mA})$$

以上为复数运算求解方法。读者可尝试用相量图法求解，也可以用先求阻抗、阻抗角，再求电流有效值的方法求解。

2.3.3 功率三角形

在电阻、电感与电容元件串联的正弦交流电路中，瞬时功率 p 由式(2-34)计算求得

$$p = ui = U_m I_m \sin\omega t \sin(\omega t + \varphi) = U_m I_m\left[\dfrac{1}{2}\cos\varphi - \dfrac{1}{2}\cos(2\omega t + \varphi)\right]$$

$$= UI\cos\varphi - UI\cos(2\omega t + \varphi) \tag{2-34}$$

有功功率(平均功率)P 为

$$P = \frac{1}{T} \int_0^T [UI\cos\varphi - UI\cos(2\omega t + \varphi)]\,\mathrm{d}t = UI\cos\varphi \tag{2-35}$$

从电压三角关系可得

$$U\cos\varphi = U_R = RI$$

$$P = UI\cos\varphi = U_R I = I^2 R \tag{2-36}$$

由式(2-36)可知，交流电路中的平均功率一般不等于电压与电流有效值的乘积。把电压与电流有效值的乘积称为视在功率，其单位为 $V \cdot A$(伏安)，用 S 表示，即

$$S = UI \tag{2-37}$$

电感元件和电容元件都要在正弦交流电路中进行能量的互换，因此相应的无功功率 Q 为这两个元件共同作用形成，即

$$Q = U_L I - U_C I = (X_L - X_C)I^2 = UI\sin\varphi \tag{2-38}$$

有功功率 P、无功功率 Q 和视在功率 S 三者之间的关系构成了一个直角三角形，称为功率三角形，其三者之间的关系表达式如式(2-39)所示，电压、阻抗和功率三角形可用图 2.9 表示。

$$P = UI\cos\varphi$$
$$Q = UI\sin\varphi$$
$$S = UI = \sqrt{P^2 + Q^2} \tag{2-39}$$

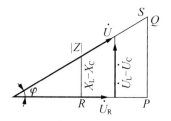

图 2.9　阻抗和功率三角

2.3.4　功率因数的提高

设交流电路中电压和电流之间有相位差为 φ，则有功功率 P 为

$$P = UI\cos\varphi$$

这里称 $\cos\varphi$ 为电路的功率因数。由以前的分析可知，$\cos\varphi$ 的大小由电路的参数决定，对纯电阻负载 φ 为 0，则 $\cos\varphi = 1$；对于其他负载电路，$\cos\varphi$ 介于 0~1 之间。

电路功率因数过低，会引起两个方面不良后果：一是发电设备的容量不能充分利用；二是线路损耗增加。当负载的有功功率 P 和电压 U 一定时，线路中的电流为

$$I = \frac{P}{U\cos\varphi} \tag{2-40}$$

可见 $\cos\varphi$ 越小，线路中的电流 I 就越大，消耗在输电线路和设备上的功率损耗就越大。因此，提高功率因数有很大的经济意义，我国供电规则中要求：高压供电企业的功率因数不低于0.95，其他用电单位不低于0.9。要提高功率因数的值，必须尽可能减小阻抗角 φ，常用的方法是在电感性负载端并联补偿电容。

【**例2.8**】 图 2.10(a)所示电路中，已知感性负载的功率 $P=100W$，电源电压有效值为 $100V$，功率因数 $\cos\varphi_1=0.6$，要将功率因数提高到 $\cos\varphi_2=0.9$，求两端应并联多大的电容器(设 $f=50\,Hz$)。

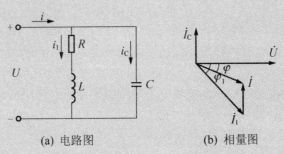

(a) 电路图　　　　　(b) 相量图

图 2.10　例 2.8 题图

解： 并联电容前：$I_1 = \dfrac{P}{U\cos\varphi_1} = \dfrac{100}{100\times0.6} \approx 1.67$ (A)

并联电容后，虽然电路的总电流发生变化，但是流过电感负载的电流、负载吸收的有功功率和无功功率都没有变化，而流过电容的电流将比电压超前 $90°$，电压和电流的相量图如图 2.10(b)所示，因此可得

$$\varphi_1 = \arccos 0.6 \approx 53.1°$$
$$\varphi = \arccos 0.9 \approx 25.8°$$
$$UI_1\cos\varphi_1 = UI\cos\varphi_2$$

故并联后的电路总电流 I 为

$$I = \frac{UI_1\cos\varphi_1}{U\cos\varphi} = \frac{0.6\times1.67}{0.9} \approx 1.11 \text{ (A)}$$

根据相量图 I_C 可求得

$$I_C = I_1\sin\varphi_1 - I\sin\varphi = 1.67\times\sin53.1° - 1.11\times\sin25.8° \approx 0.85 \text{ (A)}$$

因为

$$I_C = \frac{U}{X_C} = U\omega C$$

由此可求得

$$C = \frac{I_C}{2\pi f U} = \frac{0.85}{2\times\pi\times50\times100} \approx 27 \text{ (μF)}$$

2.4　阻抗的串联与并联

通过前面的学习可知，阻抗不是一个相量，而仅仅是一个复数形式的数学表达式，$Z = R + j(X_L - X_C)$。阻抗的实部为电阻，虚部为电抗，它表示了电路中电压与电流之间的关系。在交流电路中，简单的阻抗连接形式是串联和并联。

2.4.1　阻抗的串联

图 2.11(a)所示为两个阻抗的串联电路，根据基尔霍夫电压定律可列相量表示式

$$\dot{U} = \dot{U}_1 + \dot{U}_2 = Z_1\dot{I} + Z_2\dot{I} = (Z_1 + Z_2)\dot{I} \tag{2-41}$$

可见，两个阻抗串联可用一个等效阻抗来代替，如图 2.11(b)所示，即

$$Z_{eq} = Z_1 + Z_2 \tag{2-42}$$

通常情况下，正弦交流电路中 $U \neq U_1 + U_2$，由分析可得

$$\left|Z_{eq}\right| \neq \left|Z_1\right| + \left|Z_2\right|$$

可见，在阻抗串联电路中等效阻抗是所有阻抗之和，阻抗模之和不等于等效阻抗模。

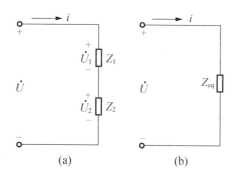

(a)　　　　　　(b)

图 2.11　阻抗的串联电路

【例 2.9】 如图 2.12 所示的电路，已知 $u = 100\sqrt{2}\sin(5000t)\text{V}$，$R = 15\Omega$，$L = 12\text{mH}$，$C = 5\ \mu\text{F}$，求电流和各元件电压相量。

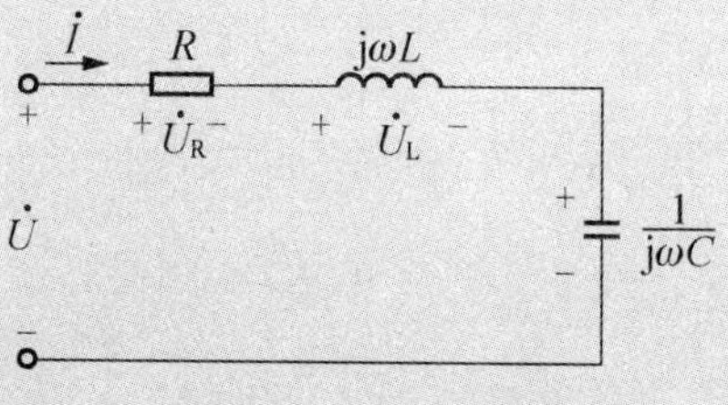

图 2.12　例 2.9 题图

解： 由题意，已知 $\dot{U} = 100\angle 0°$ (V)，可求出

$$Z_R = 15\ (\Omega), \quad Z_L = j\omega L = j60\ (\Omega), \quad Z_C = \frac{1}{j\omega C} = -j40\ (\Omega)$$

等效阻抗　$Z_{eq} = Z_R + Z_L + Z_C = (15 + j20) = 25\angle 53.1°\ (\Omega)$

$$\dot{I} = \frac{\dot{U}}{Z} = \frac{100\angle 0°}{25\angle 53.1°} = 4\angle -53.1°\ (\text{A})$$

各元件电压相量为

$$\dot{U}_{R} = R\dot{I} = 60\angle-53.1^{\circ} \, (\text{V})$$

$$\dot{U}_{L} = j\omega L\dot{I} = 240\angle36.9^{\circ} \, (\text{V})$$

$$\dot{U}_{C} = -j\frac{1}{\omega C}\dot{I} = 160\angle-143.1^{\circ} \, (\text{V})$$

正弦电流 i 为

$$i = 4\sqrt{2}\sin(5000t - 53.1^{\circ}) \, (\text{A})$$

2.4.2　阻抗的并联

图 2.13(a)所示为两个阻抗的并联电路，根据基尔霍夫电定律可列相量表示式。

$$\dot{I} = \dot{I}_{1} + \dot{I}_{2} = \frac{\dot{U}}{Z_{1}} + \frac{\dot{U}}{Z_{2}} = \dot{U}\left(\frac{1}{Z_{1}} + \frac{1}{Z_{2}}\right) \tag{2-43}$$

可见，两个阻抗并联可用一个等效阻抗来代替，如图 2.13(b)所示，即

$$\frac{1}{Z_{\text{eq}}} = \frac{1}{Z_{1}} + \frac{1}{Z_{2}} = \frac{Z_{1}+Z_{2}}{Z_{1}Z_{2}} \tag{2-44}$$

通常情况在正弦交流电路中，由于 $I \neq I_{1} + I_{2}$，由分析可得

$$\frac{1}{|Z_{\text{eq}}|} \neq \frac{1}{|Z_{1}|} + \frac{1}{|Z_{2}|}$$

可见，在阻抗并联电路中等效阻抗模的倒数不等于各个阻抗模的倒数之和。

【例 2.10】　如图 2.13(a)所示电路，已知 $Z_{1} = 3 + j4 \, \Omega$，$Z_{2} = 8 - j6 \, \Omega$，$\dot{U} = 220\angle0^{\circ} \, \text{V}$，求电路中各支路的电流。

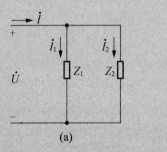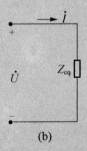

图 2.13　阻抗的并联电路

解：已知 $Z_{1} = 3 + j4 = 5\angle53^{\circ} \, (\Omega)$，$Z_{2} = 8 - j6 = 10\angle-37^{\circ} \, (\Omega)$

由题意先求出等效阻抗

$$Z_{\text{eq}} = \frac{Z_{1}Z_{2}}{Z_{1}+Z_{2}} = \frac{5\angle53^{\circ}\times10\angle-37^{\circ}}{3+j4+8-j6} = \frac{50\angle16^{\circ}}{11.8\angle-10.5^{\circ}} \approx 4.5\angle26.5^{\circ} \, (\Omega)$$

因此

$$\dot{I}_{1} = \frac{\dot{U}}{Z_{1}} = \frac{220\angle0^{\circ}}{5\angle53.1^{\circ}} = 44\angle-53^{\circ} \, (\text{A})$$

$$\dot{I}_2 = \frac{\dot{U}}{Z_2} = \frac{220\angle 0°}{10\angle -36.9°} = 22\angle 37° \,(\text{A})$$

$$\dot{I} = \frac{\dot{U}}{Z_{eq}} = \frac{220\angle 0°}{4.5\angle 26.7°} = 49\angle -26.5° \,(\text{A})$$

2.5　电路中的谐振

正弦交流电路中，如果包含电感和电容元件，则电路两端的电压和电流一般不同相。如果调节电源的频率或调节电路的参数，使得电路端口的电压和电流同相，这种现象称为谐振。所以谐振发生的条件是电压与电流相位相同。按谐振发生的电路不同，谐振分为串联谐振和并联谐振两种。

2.5.1　串联谐振

在如图 2.14(a)所示的 R、L、C 串联电路中，它的阻抗为

$$Z = R + \text{j}(X_L - X_C) = R + \text{j}\left(\omega L - \frac{1}{\omega C}\right)$$

当 $X_L = X_C$ 时，电源电压与电流同相，如图 2.14(b)所示，此时发生的现象称为谐振。因为谐振是发生在串联电路中的，所以该谐振称为串联谐振。此时电路的频率称为谐振频率，用 f_0 表示。

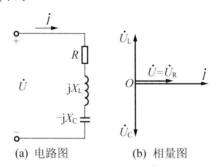

(a) 电路图　　　　(b) 相量图

图 2.14　R、L 与 C 串联谐振电路

$X_L = X_C$ 是发生串联谐振的条件，谐振频率为

$$f = f_0 = \frac{1}{2\pi\sqrt{LC}} \tag{2-45}$$

从式(2-45)可知，电路发生谐振是通过改变电路的频率和电路的参数来实现的。电路发生串联谐振时具有以下几个特点：

(1) 电路的阻抗模最小，电流达到最大。

(2) 电路对电源呈电阻性。

(3) $U_L = U_C$ 且相位相反，互相抵消。

(4) 有功功率 $P = U_R I = UI$，而无功功率 $Q = 0$。

由于串联谐振具有这些特点，它在无线电工程中得到广泛应用。例如，在收音机的输入电路中，就是调节电容值使某一频率的信号在电路中发生谐振，在回路中产生最大电流，再通过互感送到下一级。如果调节可变电容器的值，使电路的谐振频率 f_0 达到某个电台信号的频率 f_i 时，该信号输出最强。相反由于其他电台信号在电路中没有产生串联谐振，相应地在线路中的电流小，无法被选中。这样只有频率为 f_i 的无线电信号被天线回路选出来。

2.5.2　并联谐振

在如图 2.15(a)所示的 R、L 与 C 并联电路中，它的阻抗为

$$Z = \frac{(R+\mathrm{j}\omega L)\dfrac{1}{\omega C}}{(R+\mathrm{j}\omega L)+\dfrac{1}{\omega C}} = \frac{R+\mathrm{j}\omega L}{1+\mathrm{j}\omega RC - \omega^2 LC}$$

通常电感线圈电阻很小，所以一般在谐振时 $\omega L \gg R$，则上式可表示为

$$Z \approx \frac{\mathrm{j}\omega L}{1+\mathrm{j}\omega RC - \omega^2 LC} = \frac{1}{\dfrac{RC}{L}+\mathrm{j}(\omega C - \dfrac{1}{\omega L})} \qquad (2\text{-}46)$$

谐振的要求是电源电压与电路电流同相，相量图如图 2.15(b)所示，则并联电路发生谐振的条件为

$$\omega C = \frac{1}{\omega L} \qquad (2\text{-}47)$$

由此可得谐振频率 f_0 为

$$f = f_0 \approx \frac{1}{2\pi\sqrt{LC}} \qquad (2\text{-}48)$$

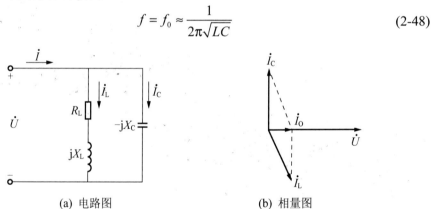

(a) 电路图　　　　　　　　　　(b) 相量图

图 2.15　R、L 与 C 并联谐振电路

可见，并联谐振频率与串联谐振近似相等，它具有以下几个特点：

(1) 电路的阻抗模达到最大值，电流为最小值。

(2) 电路对电源呈电阻性。

(3) $I_L \approx I_C$ 且并联支路电流远高于总电流。

如果并联谐振电路改由电流源供电，当电源为某一频率时电路发生谐振，电路阻抗最大，电流通过时电路两端的电压也最大。当电源频率改变后电路不发生谐振，

称为失谐，此时阻抗较小，电路两端的电压也较小，这样就起了从多个不同频率的信号中选择其一的作用。

2.6 三相交流电路

【参考视频】

三相交流电路是由一组频率相同、振幅相等、相位互差 120° 的三个电动势供电的电路。三相电力系统由三相电源、三相负载和三相输电线路三部分组成。

2.6.1 三相交流电源和三相四线制供电系统

1. 三相交流电源

三相电动势是由三相发电机产生的。图 2.16 是三相交流发电机原理图。三相交流发电机的主要组成部分是定子和转子，定子铁心的内圆周表面冲有槽，安放着三组匝数相同的绕组，各相绕组的结构相同。它们的始端标以 U_1、V_1、W_1，末端标以 U_2、V_2、W_2。

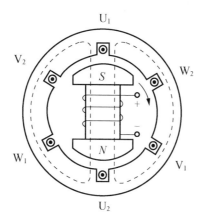

图 2.16 三相交流发电机原理图

三相绕组分别称为 U 相、V 相和 W 相，它们在空间位置上彼此相差 120°，称为对称三相绕组。当发电机匀速转动时，各相绕组均与磁场相切割而产生感应电压。由于三相绕组的匝数相等、切割磁力线的角速度相同且空间位置上互差 120°，所以感应电压的最大值相等、角频率相同、相位上互差 120°，称为对称三相交流感应电压，其相量图和正弦波形如图 2.17 所示。由图 2.17 可得，三相感应电压解析式为

$$e_U = U_m \sin \omega t$$
$$e_V = U_m \sin(\omega t - 120°)$$
$$e_W = U_m \sin(\omega t - 240°)$$

(2-49)

三相交流电在相位上的先后顺序称为相序。相序指三相交流电达到最大值的顺序。实际中常采用 U→V→W 的顺序作为三相交流电的正序，而把 W→V→U 的顺序称为负序。

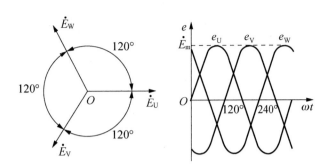

图 2.17　三相交流电相量图和波形图

2.　三相四线制供电系统

三相电源的星形联结方式如图 2.18 所示。

把三相电源绕组的尾端连在一起向外引出一根出电线 N，称其为电源的中线(俗称零线)；由三相电源绕组的首端分别向外引出三根输电线，称为电源的相线(俗称火线)。

按照图 2.18 所示星形联结方式向外供电的体制称为三相四线制。我们把相线与相线之间的电压称为线电压，分别用 u_{UV}、u_{VW} 和 u_{WU} 表示。相线与中线之间的电压称为相电压分别用 u_U、u_V 和 u_W 表示。由于三个相电压通常是对称的，并且三个相电压数值上相等，用 U_p 统一表示。在相电压对称的情况下，三个线电压也对称，对称的三个线电压数值上也相等，用 U_l 统一表示。如图 2.19 所示，根据相量图的几何关系求得各线电压为

$$U_l = \sqrt{3}U_p = 1.732U_p \tag{2-50}$$

并且由相量图可见各线电压在相位上超前与其相对应的相电压 30°。

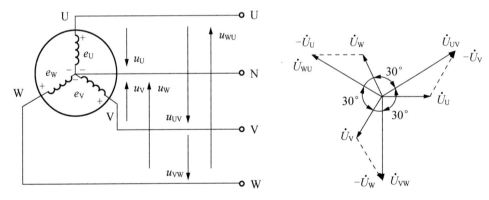

图 2.18　三相电源星形联结图　　　　　图 2.19　星形联结时电压相量图

一般低压供电系统中，经常采用供电线电压为 380V，对应相电压为 220V。

2.6.2　三相负载的联结形式

三相电路的负载由三部分组成，其中的每一部分叫作一相负载。各相负载的复阻抗相等的三相负载称为对称三相负载。由对称三相电源和对称三相负载所组成的

电路称为对称三相电路。三相负载可以有星形和三角形两种联结方式。

1. 负载的星形联结

负载星形联结时电路的相量模型如图 2.20 所示,可见各相负载两端的电压相量等于电源相电压相量。此时各相负载和电源通过相线和中线构成一个独立的单相交流电路,其中三个单相交流电路均以中线作为它们的公共线。

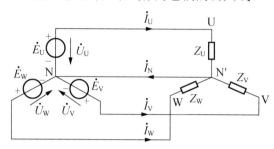

图 2.20　负载星形联结时电路的相量模型

通常把相线上的电流称为线电流,用 I_1 表示;把各相负载中的电流称为相电流,用 I_p 表示。显然,星形联结时电路有如下特点,即

$$\left. \begin{array}{r} I_1 = I_p = \dfrac{U_p}{|Z_p|} \\ U_1 = \sqrt{3} U_p \end{array} \right\} \tag{2-51}$$

设各负载阻抗分别为 Z_U、Z_V、Z_W,由于各相负载端电压相量等于电源相电压相量,因此每个阻抗中流过的电流相量为

$$\dot{I}_U = \frac{\dot{U}_U}{Z_U}, \quad \dot{I}_V = \frac{\dot{U}_V}{Z_V}, \quad \dot{I}_W = \frac{\dot{U}_W}{Z_W} \tag{2-52}$$

中线上通过的电流相量根据相量形式的基尔霍夫电流定律可得

$$\dot{I}_N = \dot{I}_U + \dot{I}_V + \dot{I}_W \tag{2-53}$$

中线上通过的电流相量 $\dot{I}_N$ 有如下两种情况:

(1) 对称三相负载。三相负载对称时,即 $Z_U = Z_V = Z_W = |Z| \angle \varphi$,阻抗端电压相量也对称,因此构成星形对称三相电路。对称三相电路中,各阻抗中通过的电流相量也必然对称,因此中线电流相量

$$\dot{I}_N = \dot{I}_U + \dot{I}_V + \dot{I}_W = 0 \tag{2-54}$$

中线电流相量为零,说明中线中无电流通过。这时中线的存在对电路不会产生影响。实际工程应用中的三相异步电动机和三相变压器等三相设备,都属于对称三相负载,因此把它们星形联结后与电路相连时,一般都不用中线,此时的供电方式叫三相三线制。

(2) 不对称三相负载。三相电路的各阻抗模值不等或者幅角不同时,都可构成不对称星形联结三相电路。不对称三相电路中,中线不允许断开,因为中线一旦断开,星形联结三相不对称负载端的电压就会出现严重不平衡,以下面的例题说明。

【例2.11】 图 2.20 所示电路中，$U_1 = 380\,\text{V}$，三相电源对称，$Z_1 = 11\,\Omega$，$Z_2 = Z_3 = 22\,\Omega$。求(1)负载的相电流与中线电流；(2)中线断开，U 相短路时的相电压。

解: (1) 中线存在时，负载相电压即电源相电压，则

$$U_p = \frac{U_1}{\sqrt{3}} = \frac{380}{\sqrt{3}} = 220\ (\text{V})，\quad I_1 = \frac{U_p}{Z_1} = \frac{220}{11} = 20\ (\text{A})，$$

$$I_2 = I_3 = \frac{U_p}{Z_2} = \frac{220}{22} = 10\ (\text{A})$$

以 $\dot{U}_1$ 为参考作相量图，如图 2.22 所示，由相量图得

$$I_N = I_1 - 2I_2\cos 60° = 10\ (\text{A})$$

(2) 中线断开，U 相短路时，$U_1' = 0$，V、W 两相负载均承受电源的线电压，即 $U_2' = U_3' = 380\text{V}\ (\text{V})$。这是负载不对称、无中性线时最严重的过压事故，也是三相对称负载严重失衡的情况。因此，中线的作用是为了保证负载的相电压对称，或者说保证负载均工作在额定电压下。故中线必须牢固，绝不允许在中线上接熔断器或开关。

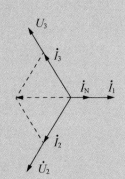

图 2.21 例 2.11 相量图

2. 负载的三角形联结

负载三角形联结的三相电路如图 2.22 所示，其中 $\dot{I}_{12}$、$\dot{I}_{23}$、$\dot{I}_{31}$ 分别为每相负载流过的电流，称相电流，有效值为 I_p。三条相线中的 $\dot{I}_1$、$\dot{I}_2$、$\dot{I}_3$ 是线电流，有效值为 I_1。

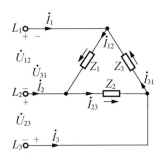

图 2.22 负载三角形联结的三相电路

三相负载对称时，$Z_U = Z_V = Z_W = |Z| \angle \varphi$，则三个相电流为

$$I_p = I_{12} = I_{23} = I_{31} = \frac{U_p}{|Z|} = \frac{U_1}{|Z|} \tag{2-55}$$

可见它们也是对称的，即相位互差 $120°$，对称负载三角形联结的特点是

$$U_1 = U_p \tag{2-56}$$

$$I_1 = \sqrt{3}I_p \tag{2-57}$$

负载不对称时，尽管三个相电压对称，但三个相电流因阻抗不同而不再对称，式(2-57)的关系不再成立，只能逐相计算，读者自行分析。

三相电动机铭牌上常有"丫/△、380V/220V"标识，即星形联结时接 380 V 线电压，三角形联结时接 220 V 线电压，每相负载均工作在 220V 相电压下。

2.6.3　三相电路的功率

单相交流电路中，有功功率 $P = UI\cos\varphi$ ，无功功率 $Q = UI\sin\varphi$ ，视在功率 $S = UI$ ，三相电路无疑是三个单相的组合，故三相交流电路的各功率为三个单相功率之和，即

$$\begin{aligned} P &= P_U + P_V + P_W \\ Q &= Q_U + Q_V + Q_W \\ S &= \sqrt{P^2 + Q^2} \end{aligned} \tag{2-58}$$

若三相负载对称，无论负载是星形联结还是三角形联结，各相功率都是相等的，此时三相总功率是各相功率的 3 倍，即

$$\left.\begin{aligned} P &= 3U_pI_p\cos\varphi = \sqrt{3}U_lI_l\cos\varphi \\ Q &= 3U_pI_p\sin\varphi = \sqrt{3}U_lI_l\sin\varphi \\ S &= 3U_pI_p = \sqrt{3}U_lI_l \end{aligned}\right\} \tag{2-59}$$

应该注意，虽然两种接法计算功率的形式相同，但其具体的计算值并不相等。

习　　题

一、填空题

1．已知一正弦交流电压 $u = 220\sqrt{2}\sin(314t - \pi/3)\,\text{V}$ ，则它的三要素的值分别是_____、_____和_____。

2．在 RLC 串联电路中，电流为 5 A，电阻为 30Ω，感抗为 40Ω，容抗为 80Ω，则电路的阻抗为_____，该电路为_____性电路，电路中吸收的有功功率为_____，无功功率为_____。

3．一电阻接在 20 V 的直流电路中，产生的功率为 2 kW，改接到正弦交流电路中消耗的功率为 1 kW，则交流电源的电压最大值为_____。

4．串联谐振满足的条件是_____，此时电路中的阻抗_____，电流_____，电路呈_____性。

5．星形联结时，相电压和线电压满足_____，线电流和相电流满足_____；三角形联结时，线电压和相电压满足_____，线电流和相电流满足_____。

二、判断题

（　　）1．在电感元件的正弦交流电路中，消耗的有功功率等于 0。

(　　) 2. 感性负载两端并联电容就可提高电路的功率因数。

(　　) 3. 功率表用来测量电路的视在功率。

(　　) 4. 对称三相电路中负载对称时，三相四线制可改为三相三线制。

(　　) 5. 正弦交流电路的视在功率等于有功功率和无功功率的和。

三、选择题

1. 提高供电电路的功率因数是为了(　　)。

　　A. 减少无用功率

　　B. 节省电能

　　C. 提高设备的利用率和减少功率损耗

　　D. 提高设备容量

2. RLC 串联电阻在频率为 f 时发生谐振，则在频率为 $2f$ 时电路性质呈(　　)。

　　A. 感性　　　　B. 阻性　　　　C. 容性　　　　D. 无法判断

3. 电路中的视在功率表示的是(　　)。

　　A. 实际消耗的功率　　　　　　B. 设备容量

　　C. 随时间交换的状态　　　　　D. 做功情况

4. 已知电路阻抗为 $3+j4\Omega$，则电压和电流的相位关系为(　　)。

　　A. 超前　　　　B. 滞后　　　　C. 同相　　　　D. 反相

5. 三相四线制电路中若负载不对称，则各相相电压(　　)。

　　A. 不对称　　　B. 仍对称　　　C. 不一定对称　　D. 无法判断

四、应用题

1. 220V、50Hz 的电压分别加在电阻、电感和电容负载上，此时它们的电阻值、感抗值和容抗值均为 22Ω，试分别并写出三个电流的瞬时表达式，并以电压为参考相量画出相量图；若电压有效值不变，频率变为 500Hz，重新回答以上问题。

2. (1)求图 2.23(a)和图 2.23(b)的电压、阻抗；(2)求图 2.23(c)和图 2.23(d)的电流、阻抗。

3. 日光灯电路中，已知 $u=28.2\sin(\omega t+45°)$V，$i=14.1\sin(\omega t+15°)$A。(1)求电路的复阻抗 Z；(2)求有功功率、无功功率、视在功率和功率因数；(3)画出相量图。

4. RLC 串联电路由 $I_S=0.1$A，$\omega=5000$ rad/s 的正弦恒流源供电，已知 $R=20\Omega$，$L=7$ mH，$C=10\mu$F，试求各元件电压 $\dot{U}_R$、$\dot{U}_L$、$\dot{U}_C$ 和总电压 $\dot{U}$，并画出相量图。

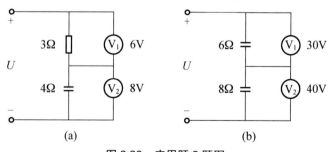

图 2.23　应用题 2 题图

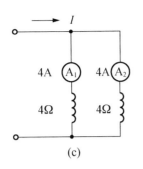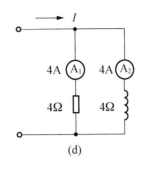

图 2.23　应用题 2 题图(续)

5．RLC 串联电路中，$R=100\,\Omega$，$L=10\,\text{mH}$，总电压 $U=100\,\text{V}$，并且频率可调，已知当 $f=5\,\text{kHz}$ 时，电流达最大值，试求电容 C 的值及各元件电压。

6．一台三相交流电动机，定子绕组星形联结，额定电压 380V，额定电流 2.2A，功率因数为 0.8。试求该电动机每相绕组的电阻和电抗。

7．对称负载为三角形联结，已知三相对称线电压等于 380V，电流表读数等于 17.3A，每相负载的有功功率为 1.5kW，求每相负载的电阻和感抗。

8．如图 2.24 所示的三相对称负载，每相负载的电阻 $R=6\,\Omega$，感抗 $X_\text{L}=8\,\Omega$，接入 380V 三相三线制电源。试比较星形和三角形联结时三相负载总的有功功率。

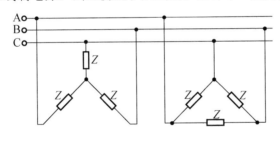

【参考图文】

图 2.24　应用题 8 题图

第 3 章

变 压 器

教学目标

(1) 理解变压器的结构特点。

(2) 掌握变压器工作原理。

(3) 学会运用原理分析特殊变压器。

变压器是利用电磁感应原理制成的,它是传输电能或信号的静止电器,它有变压、变流、阻抗变换及电隔离作用。它的种类很多,应用十分广泛。如在电力系统中把发电机发出的电压升高,以达到远途传输,到达目的地后再用变压器把电压降低供用户使用;在实验室里用自耦变压器(调压器)改变电源电压;在测量电路中,利用变压器原理制成各种电压互感器和电流互感器以扩大对交流电压和交流电流的测量范围;在功率放大器和负载之间连接变压器,可以使阻抗匹配,即负载上获得最大功率。变压器虽然用途及种类各异,但基本工作原理是相同的。

3.1 变压器的结构

变压器由铁心和绕组两部分组成，如图 3.1 所示。这是一个简单的双绕组变压器，在一个闭合铁心上套有两组绕组。N_1 为一次绕组的匝数，一次绕组也称为原绕组或原边。N_2 为二次绕组的匝数，二次绕组也称为副绕组或副边。通常绕组都用铜或铝制漆包线绕制而成。

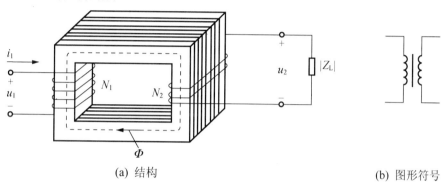

(a) 结构   (b) 图形符号

图 3.1 变压器结构示意图

铁心用 $0.35\sim0.5$mm 的硅钢片叠压而成，为了降低磁阻，一般用交错叠压安装的方式，即将每层硅钢片的接缝处错开，图 3.2 所示为几种常见的铁心形状。

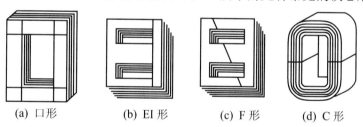

(a) 口形   (b) EI 形   (c) F 形   (d) C 形

图 3.2 变压器的铁心形状

3.2 变压器的工作原理

1. 空载运行(变压作用)

变压器一次绕组接上交流电压 u_1，二次绕组开路，这种状态称为空载运行。

此时二次绕组电流为 $I_2=0$，电压为开路电压 U_{20}，一次绕组通过电流为 I_{10}(空载电流)，如图 3.3 所示。

根据图 3.3 中标定的各量参考方向，其电压方程为

$$u_1=r_1i_{10}-e_1 \tag{3-1}$$

由于绕组的电阻 r_1 很小，其电压降 r_1i_{10} 也很小，因此可忽略不计，此时

$$u_1=-e_1 \tag{3-2}$$

设主磁通为

$$\Phi=\Phi_{\mathrm{m}}\sin\omega t \tag{3-3}$$

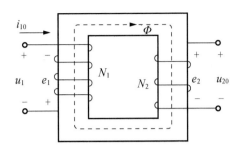

图 3.3 变压器的空载运行

$$e_1 = -N_1 \frac{\mathrm{d}\Phi}{\mathrm{d}t} = -N_1 \frac{\mathrm{d}(\Phi_{\mathrm{m}}\sin\omega t)}{\mathrm{d}t} = -\omega N_1 \Phi_{\mathrm{m}}\cos\omega t \tag{3-4}$$
$$= 2\pi f N_1 \Phi_{\mathrm{m}}\sin(\omega t - 90°) = E_{1\mathrm{m}}\sin(\omega t - 90°)$$

式中，$E_{1\mathrm{m}}=2\pi f N_1 \Phi_{\mathrm{m}}$，是电动势的最大值，而有效值为

$$E_1 = \frac{E_{1\mathrm{m}}}{\sqrt{2}} \tag{3-5}$$

故
$$u_1 = -e_1 = E_{1\mathrm{m}}\sin(\omega t + 90°) \tag{3-6}$$

可见，外电压的相位超前于磁通90°，而外加电压的有效值为

$$U_1 = E_1 = 4.44 f N_1 \Phi_{\mathrm{m}} \tag{3-7}$$

同理
$$U_2 \approx E_2 = 4.44 f N_2 \Phi_{\mathrm{m}} \tag{3-8}$$

将式(3-7)和式(3-8)进行比较，得

$$\frac{U_1}{U_2} = \frac{E_1}{E_2} = \frac{4.44 f N_1 \Phi_{\mathrm{m}}}{4.44 f N_2 \Phi_{\mathrm{m}}} = \frac{N_1}{N_2} = K \tag{3-9}$$

可见，变压器空载运行时，一、二次绕组上电压的比值等于两者的匝数比。该比值称为变压器的变压比，简称变比，用 K 表示。

当输入电压 U_1 不变时，改变变压器的变比就可以改变输出电压 U_2，这就是变压器的变压作用。若 $N_1<N_2$，$K<1$，为升压变压器，反之为降压变压器。

2. 负载运行(变流作用)

变压器的二次绕组接有负载，称为负载运行。此时在二次绕组电动势 e_2 的作用下，将产生二次绕组电流 I_2，而一次绕组电流由 I_{10} 增加为 I_1，如图 3.4 所示。

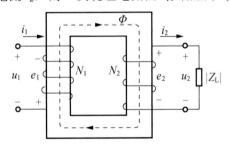

图 3.4 变压器的负载运行

为什么一次绕组的电流会由 I_{10} 增至 I_1 呢？因为二次绕组有电流 I_2 后，二次绕组的磁通势 $N_2 I_2$ 也要在铁心中产生磁通。此时变压器的铁心中的主磁通是由一、二

次绕组的磁通势共同产生的。N_2I_2 的出现将改变铁心中原有的主磁通，但在一次绕组的外加电压(电源电压)不变的情况下，主磁通基本保持不变，因而一次绕组的电流必须由 I_{10} 增到 I_1，以抵消二次绕组电流 I_2 产生的磁通。这样才能保证铁心中原有的主磁通不变。

其磁通势平衡方程为

$$N_1\dot{I} + N_2\dot{I}_2 = N_1\dot{I}_{10} \tag{3-10}$$

可是变压器负载运行时，一、二次绕组的磁通势方向相反，即二次绕组电流 I_2 对一次绕组电流 I_1 产生的磁通有去磁作用，当 I_2 增加时，铁心中的磁通将减小，于是一次绕组电流 I_1 必然增加以保持主磁通基本不变。无论 I_2 如何变化，I_1 总能按比例自动调节，以适应负载电流的变化。由于空载电流很小，因此它产生的磁通势 N_1I_{10} 可忽略不计。故

$$N_1\dot{I} \approx -N_2\dot{I}_2 \tag{3-11}$$

于是变压器一、二次绕组电流有效值的关系为

$$\frac{I_1}{I_2} = \frac{N_2}{N_1} = \frac{1}{K} \tag{3-12}$$

由式(3-12)可知，当变压器负载运行时，一、二次绕组电流之比近似等于其匝数之比的倒数。改变一、二次绕组的匝数就可以改变一、二次绕组电流的比值，这就是变压器的变流作用。

3. 阻抗变换作用

变压器除了能起变压、变流作用外，还具有变换阻抗的作用，以实现阻抗匹配，即负载上能获得最大功率。如图 3.5 所示，变压器一次绕组接电源 U_1，二次绕组接负载 $|Z_L|$，对于电源来说，图 3.5(a)中点画线内的电路可用另一个等效阻抗 $|Z'_L|$ 来等效代替，如图 3.5(b)所示。所谓等效，就是它们从电源吸收的电流和功率相等，两者的关系可由下式表示

$$|Z'_L| = \frac{U_1}{I_1} = \frac{(N_1/N_2)U_2}{(N_2/N_1)I_2} = \left(\frac{N_1}{N_2}\right)^2 |Z_L| = K^2|Z_L|$$

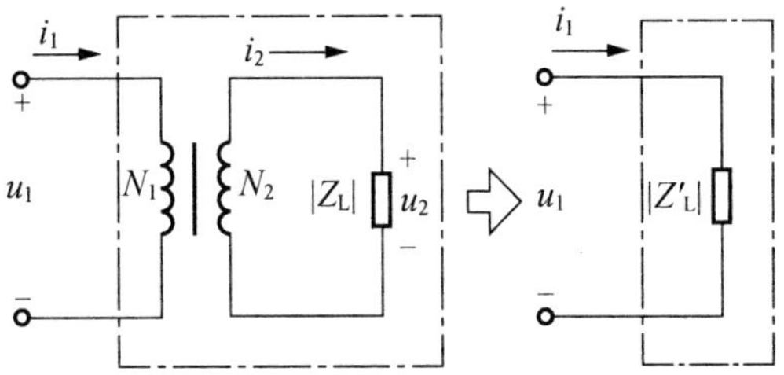

(a) 变压器电路　　　(b) 等效电路

图 3.5　变压器的阻抗变换作用

匝数不同，实际负载阻抗 $|Z_L|$，折算到一次绕组的等效阻抗 $|Z'_L|$ 也不同，人们可以用不同的匝数比，把实际负载变换为所需要的比较合适的数值，这种做法通常称为阻抗匹配。

【例3.1】 如图 3.6 所示，某交流信号源的输出电压 U_S 为 120V，其内阻 $R_0=800\,\Omega$，负载电阻 R_L 为 $8\,\Omega$，试求：(1)若将负载与信号直接连接，负载上获得的功率是多大？(2)若要负载上获得最大功率，用变压器进行阻抗变换，则变压器的匝数比应该是多少？阻抗变换后负载获得的功率是多大？

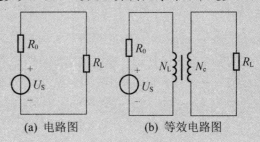

(a) 电路图　　　　(b) 等效电路图

图 3.6　例 3.1 题图

解：(1) 图 3.6(a)可得负载上的功率为

$$P = I^2 R_2 = \left(\frac{U_S}{R_0 + R_L}\right)^2 R_L = \left(\frac{120}{800+8}\right)^2 \times 8 = 0.176(\text{W})$$

(2) 由图 3.6(b)所示，加入变压器后实际负载折算到变压器原边的等效负载为 R_L'，根据负载获得最大功率条件，即 $R_L'=R_0$(内阻等于负载)，则

$$R_L' = R_0 = \left(\frac{N_1}{N_2}\right)^2 R_L$$

故变压器的匝数比为

$$\frac{N_1}{N_2} = \sqrt{\frac{R_L'}{R_L}} = \sqrt{\frac{800}{8}} = 10$$

此时，负载上获得的最大功率为

$$P = I^2 R_L' = \left(\frac{U_S}{R_0 + R_L'}\right)^2 R_L' = \left(\frac{120}{800+800}\right)^2 \times 800 = 4.5(\text{W})$$

可见经变压器的匝数匹配后，负载上获得的功率大了许多。

3.3　变压器的额定值及运行特性

1. 变压器的额定值

1) 额定电压 U_{1N}、U_{2N}

额定电压 U_{1N} 是根据绕组的绝缘强度和允许发热所规定的应加在一次绕组上的正常工作电压的有效值；额定电压 U_{2N} 在电力系统中是指变压器一次绕组施加额定电压时的二次绕组空载的电压有效值。

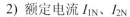

2) 额定电流 I_{1N}、I_{2N}

一、二次绕组额定电流 I_{1N} 和 I_{2N} 是指变压器在连续运行时,一、二次绕组允许通过的最大电流的有效值。

3) 额定容量 S_N

额定容量 S_N 是指变压器二次绕组额定电压和额定电流的乘积,即二次绕组的额定功率。

$$S_N = U_{2N}I_{2N} \qquad (3\text{-}13)$$

额定容量反映了变压器所能传送电功率的能力,但不要把变压器的实际输出功率与额定容量相混淆。如一台变压器额定容量 $S_N = 1000\text{kW}$,如果负载的功率因数为 1,则它能输出的最大有功功率为 1000kW。若负载功率因数为 0.7,则它能输出的最大有功功率为 $P = 1000 \times 0.7 = 700(\text{kW})$。变压器在实际使用时的输出功率取决于二次绕组负载的大小和性质。

4) 额定频率 f_N

额定频率 f_N 是指变压器应接入的电源频率,我国电力系统的标准频率为 50Hz。

5) 型号

变压器型号表示方法如下。

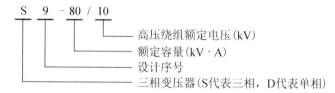

2. 变压器的外特性

当电源电压 U_1 不变时,随着二次绕组电流 I_2 的增加(负载增加),一、二次绕组阻抗上的电压降便增加。这将使二次绕组的端电压 U_2 发生变化,当电源电压 U_1 和负载功率因数 $\cos\varphi_2$ 为常数时,U_2 和 I_2 的变化关系曲线 $U_2 = f(I_2)$ 称为变压器的外特性,如图 3.7 所示。对电阻性和电感性负载而言,电压 U_2 随着电流 I_2 的增加而下降。

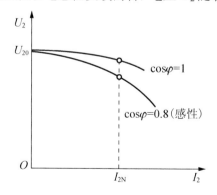

图 3.7　变压器的外特性曲线

通常希望电压 U_2 的变化率越小越好,从空载到额定负载,二次绕组电压的变化程度用电压变化率 ΔU 来表示,即

$$\Delta U = \frac{U_{20} - U_2}{U_{20}} \times 100\% \qquad (3\text{-}14)$$

在一般变压器中，由于其电阻和漏磁感抗很小，电压变化率也很小，约5%。

3．变压器的功率损耗与效率

变压器功率损耗包括铁心中的铁损 ΔP_{Fe} 和绕组中的铜损 ΔP_{Cu} 两部分，铁损的大小与铁心内磁感应强度的最大值 B_{m} 有关，与负载大小无关。而铜损则与负载大小有关(正比于电流平方)。变压器的效率常用式(3-15)确定。

$$\eta = \frac{P_2}{P_1} = \frac{P_2}{P_2 + \Delta P_{\text{Fe}} + \Delta P_{\text{Cu}}} \tag{3-15}$$

式中，P_2 为变压器输出功率，P_1 为输入功率。

变压器的功率损耗很小，效率很高，一般在95%以上。在电力变压器中，当负载为额定负载的50%～75%时，效率达到最大值。

3.4　常用变压器

1．自耦变压器和调压器

如果一、二次绕组共用一个绕组，使低压绕组成为高压绕组的一部分，如图3.8所示，就称为自耦变压器。

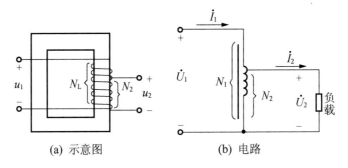

(a) 示意图　　　　(b) 电路

图3.8　自耦变压器

与普通变压器相比，自耦变压器用料少、质量小、尺寸小，但由于一、二次绕组之间，既有磁的联系又有电的联系，故不能用于要求一、二次绕组电路隔离的场合。同时使用时应特别注意它的高压侧和低压侧不能倒用。

在实际应用中为了得到连续可调的交流电压，常将自耦变压器的铁心做成圆形。二次绕组抽头制成滑动的触头，可自由滑动，如图3.9所示。当用手柄转动触头时，就改变了二次绕组匝数，调节了输出电压的大小。使用自耦调变压器需注意以下两点：

(1) 一、二次绕组不能对调使用，否则可能会烧坏绕组，甚至造成电源短路。

(2) 接通电源前，应先将滑动触头调到零位，接通电源后再慢慢转动手柄，将输出电压调至所需值。

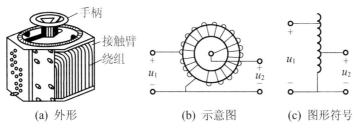

(a) 外形　　　　(b) 示意图　　　　(c) 图形符号

图 3.9　自耦调压器

2. 小功率电源变压器

在各种仪器设备中提供所需电源电压的变压器，一般容量和体积都较小，称为小功率电源变压器，为了满足各部分需要，这种变压器带有多个二次绕组，以获得不同等级的输出电压，如图 3.10 所示。

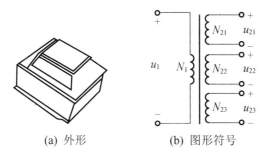

(a) 外形　　　　(b) 图形符号

图 3.10　小功率电源变压器

由于这种变压器各绕组的主磁通相同，因此其电压电流的计算与普通变压器相同。

使用小功率电源变压器时，有时需要把二次绕组串联起来以提高电压，有时需要把二次绕组并联起来以增大电流，但连接时必须认清绕组的同极性端，否则不仅达不到预期目的，反而可能会烧坏变压器。

同极性端又称为同名端，是指变压器各绕组电位瞬时极性相同的端点。例如，图 3.11(a)所示的变压器有两个二次绕组，由主磁通把它们联系在一起，当主磁通交变时，每个绕组中都要产生感应电动势。根据右手螺旋法则，假设主磁通正在增强，可判断第一个绕组中端点 1 的感应电动势电位高于端点 2，第二个绕组中端点 3 的电位高于端点 4，故称端点 1 和端点 3 是同名端，端点 2 和端点 4 也是同名端，用符号"*"或"·"表示。端点 1 和端点 4 是异名端，端点 2 和 3 也是异名端。

同名端与绕组的绕向有关，图 3.11(b)与图 3.11(a)相比，改变了一个绕组的绕向，假设主磁通正在增强，根据右手螺旋法则可知，第一个绕组中端点 1 的电位高于 2 的电位，第二个绕组中端点 4 的电位高于 3 的电位，故端点 1 和 4 是同名端，2 和 3 也是同名端，而 1 和 3 是异名端。

正确的串联方法应把两个绕组的异名端连在一起，如把图 3.11(a)中的 2、3 端连在一起，在 1、4 端就可以得到一个高电压，即两个二次绕组电压之和；若接错，则输出电压会抵消。正确的并联方法应把两个电压输出方向相同的绕组的同名端连在一起，如把图 3.11(b)中的 1、4 端及 2、3 端相连，这时可向负载提供更大的电流；如接错，则会造成线圈短路从而烧坏变压器。在实际中，往往无法辨别绕组的绕向，可根据如下实验方法判断同名端。

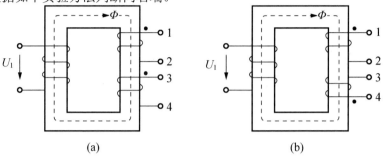

图 3.11　变压器的同名端

(1) 直流法。如图 3.12(a)所示，当开关 S 迅速闭合时，若电流计指针正向偏转，则 1、3(或 2、4)端子为同名端，否则 1、3(或 2、4)端子为异名端。

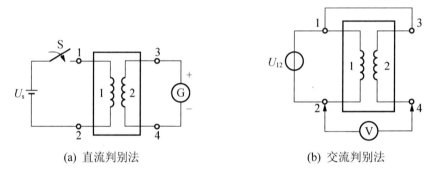

(a) 直流判别法　　　　　　　　(b) 交流判别法

图 3.12　同名端的判别

(2) 交流法。如图 3.12(b)所示，在 1、2 两端加一交流电压，用电压表分别测量 2、4 端电压 U_{24} 和 3、4 端电压 U_{34}，根据电压关系，若 $U_{24}=U_{12}-U_{34}$，则说明两绕组是反向串联，2、4(或 1、3)端为同名端；若 $U_{24}=U_{12}+U_{34}$，则说明两绕组是顺向串联，1、4(或 2、3)为同名端。

3. 三相电力变压器

在电力系统中，用来变换三相交流电压，输送电能的变压器称为三相电力变压器，如图 3.13 所示，它有三个铁心柱，各套一相一、二次绕组。由于三相原边绕组所加的电压是对称的，因此，二次绕组电压也是对称的。为了散去工作时产生的热量，通常铁心和绕组都浸在装有绝缘油的油箱中，通过油管将热量散发出去。考虑到油的热胀冷缩，故在变压器油箱上安置一个储油柜和油位表。此外，还装有一根防爆管，一旦发生故障，产生大量气体时，高压气体将冲破防爆管前端的薄片而释放出来，从而避免发生爆炸。

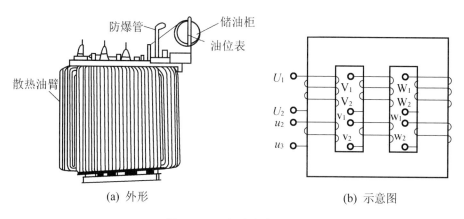

(a) 外形 (b) 示意图

图 3.13　三相电力变压器

　　三相变压器的一、二次绕组可以根据需要分别联结成星形或三角形，三相电力变压器的常见联结方式有 Y_{yn} (Y/Y₀星形联结有中线)和 Y_d(Y/D 星形三角形联结)，如图 3.14 所示，其中 Y_{yn} 联结常用于车间配电变压器，这种接法不仅给用户提供了三相电源，同时还提供了单相电源，通常在动力和照明混合供电的三相四线制系统中，就是采用这种联结方式的变压器供电的。Y_d 联结的变压器主要用在变电站(所)作降压或升压用。

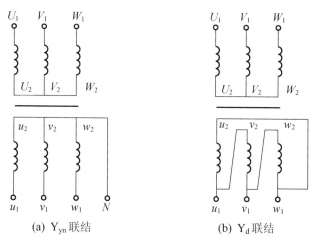

(a) Y_{yn} 联结 (b) Y_d 联结

图 3.14　三相电力变压器的联结

　　【例 3.2】 有一带有负载的三相电力变压器，其额定数据如下：$S_N=100kV \cdot A$，$U_{1N}=6000V$，$U_{2N}=U_{20}=400V$，$f=50Hz$，绕组接成 Y_{yn}，由试验测得，$\Delta P_{Fe}=600W$，额定负载时的 $\Delta P_{Cu}=2400W$。试求：(1)变压器的额定电流。(2)满载和半载时的效率。

　　解： (1) 由 $S_N = \sqrt{3}U_{2N}I_{2N}$ 得

$$I_{1N} = \frac{S_N}{\sqrt{3}U_{1N}} = \frac{100 \times 10^3}{\sqrt{3} \times 6000} = 9.62(A)$$

$$I_{2N} = \frac{S_N}{\sqrt{3}U_{2N}} = \frac{100 \times 10^3}{\sqrt{3} \times 400} = 144(A)$$

(2) 满载时和半载时的效率分别为

$$\eta_1 = \frac{P_2}{P_2 + \Delta P_{Fe} + \Delta P_{Cu}} = \frac{100 \times 10^3}{100 \times 10^3 + 600 + 2400} = 97.1\%$$

$$\eta_{\frac{1}{2}} = \frac{\frac{1}{2} \times 100 \times 10^3}{\frac{1}{2} \times 100 \times 10^3 + 600 + \left(\frac{1}{2}\right)^2 \times 2400} = 97.6\%$$

4. 仪用互感器

仪用互感器是在交流电路中专供电工测量和自动保护装置使用的变压器。它可以扩大测量装置的量程，使测量装置与高压电路隔离以保证安全，为高压电路的控制和保护设备提供所需的低电压、小电流，并可以使其后连接的测量仪表或其他测量电路结构简化。仪用互感器按用途不同可分为电压互感器和电流互感器两种。

1) 电压互感器

电压互感器是一种小容量的降压变压器，其外形及结构原理如图 3.15 所示。它的一次绕组匝数较多，与被测的高压电网并联；二次绕组匝数较少，与电压表或功率表的电压线圈连接。

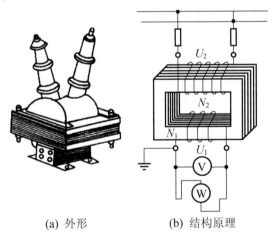

(a) 外形　　　　(b) 结构原理

图 3.15　电压互感器

因为电压表和功率表的电压线圈电阻很大，所以电压互感器二次绕组的电流很小，近似于变压器的空载运行。根据变压器的工作原理，有

$$U_1 = \frac{N_1}{N_2}U_2 = K_u U_2$$

式中，K_u 称为电压互感器的变压比。通常将电压互感器低压侧的额定电压设计为100V。例如，电压互感器的额定电压等级有 6000V/100V、10000V/100V 等。将测量仪表的读数乘以电压互感器的变压比，就可得到被测电压值。通常选用与电压互

感器变压比相配合的专用电压表，其表盘按高压侧的电压设计刻度，可直接读出高压侧的电压值。使用电压互感器时应注意以下两点：

(1) 电压互感器的低压侧(二次侧)不允许短路，否则会造成二次绕组、一次绕组出现大电流，烧坏互感器，故在高压侧应接入熔断器进行保护。

(2) 为防止电压互感器高压绕组绝缘损坏，使低压侧出现高电压，电压互感器的铁心、金属外壳和二次绕组的一端必须可靠接地。

2) 电流互感器

电流互感器是将大电流变换成小电流的升压变压器，其外形及结构原理如图 3.16 所示。它的一次绕组用粗线绕成，通常只有一匝或几匝，与被测电路负载串联，一次绕组经过的电流与负载电流相等。二次绕组匝数较多，导线较细，与电流表或功率表的电流线圈连接。

因为电流表和功率表的电流线圈电阻很小，所以电流互感器的二次绕组相当于短路。根据变压器的工作原理，有

$$I_1 = \frac{N_2}{N_1} I_2 = K_i I_2$$

式中，K_i 称为电流互感器的变流比。通常将电流互感器二次侧的额定电流设计成标准值 5A 或 1A。例如，电流互感器的额定电流等级有 30A/5A、75A/5A、100A/5A 等。将测量仪表的读数乘以电流互感器的变流比，就可得到被测电流值。通常选用与电流互感器变流比相配合的专用电流表，其表盘按一次侧的电流值设计刻度，可直接读出一次侧的电流值。

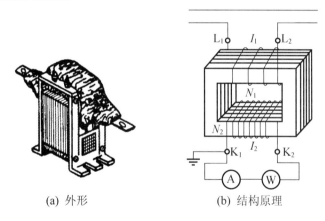

(a) 外形　　　　(b) 结构原理

图 3.16　电流互感器

使用电流互感器时应注意以下两点：

(1) 电流互感器在运行中不允许副边开路。因为它的一次绕组是与负载串联的，其电流 I_1 的大小取决于负载的大小，而与二次绕组电流 I_2 无关，所以当二次绕组开路时铁心中由于没有 I_2 的去磁作用，主磁通将急剧增加，这不仅使铁损急剧增加，铁心发热，而且将在二次绕组感应出数百甚至上千伏的电压，造成绕组的绝缘击穿，并危及工作人员的安全。为此在电流互感器二次电路中不允许装设熔断器。在二次电路中拆装仪表时，必须先将绕组短路。

(2) 为了安全，电流互感器的铁心和二次绕组的一端也必须接地。

习　题

一、填空题

1. 变压器是一种能够变换_____、_____和_____的电气设备。

2. 变压器在运行中，只要_____和_____不变，其工作主磁通将基本不变。

3. 变压器绕组中引起电流热效应的损耗称为_____，交变磁场在铁心中引起的_____损耗和_____损耗合称为_____损耗，其中_____损耗又称不变损耗，_____损耗称为可变损耗。

4. 变压器空载运行时，其_____很小而_____也很小，此时总损耗近等于_____。

5. 发电厂向外输出电能时应采用_____变压器，分配电能时应采用_____变压器。

二、判断题

(　　) 1. 变压器一、二次绕组电流的大小均取决于负载阻抗的大小。

(　　) 2. 防磁手表的外壳是用铁磁性材料制作的。

(　　) 3. 电机、电器的铁心通常都用硬磁材料制作。

(　　) 4. 变压器从空载到满载，铁心中的主磁通和铁耗基本不变。

(　　) 5. 自耦变压器也可以作为安全变压器使用。

三、选择题

1. 电力变压器的外特性曲线与负载的大小和性质有关，当负载为电阻性或电感性时，其外特性曲线(　　)。

  A. 随负载增大而下降   B. 随负载增大而上升

  C. 一平行横坐标的直   D. 以上都不正确

2. 变压器的铜损耗与负载的关系是(　　)。

  A. 与负载电流的平方成正比 B. 与负载电流成正比

  C. 与负载无关   D. 以上都不正确

3. 自耦变压器不能作为安全电压变压器的原因是(　　)。

  A. 公共部分电流小   B. 一、二次绕组有电的联系

  C. 一、二次绕组有磁的联系 D. 公共部分电流大

4. 变压器空载运行时，自电源输入的功率等于(　　)。

  A. 铜损   B. 铁损   C. 零   D. 以上都不正确

5. 变压器二次绕组的额定电压是指当一次绕组接额定电压时二次绕组(　　)。

  A. 满载时端电压   B. 开路时端电压

  C. 满载和空载时端电压平均值 D. 以上都不正确

四、应用题

1．图 3.17 所示是一电源变压器，原边有 550 匝，接 220 V 电压，二次绕组有两个绕组，一个电压 36V，负载 36W，另一个电压 12V，负载 24W。不计空载电流，两个都是纯电阻负载。试求：(1)二次侧两个绕组的匝数；(2)一次侧绕组的电流；(3)变压器的容量至少为多少？

2．在图 3.18 中已知信号源的电压 $U_S = 12$ V，内阻 $R_0 = 1$ kΩ，负载电阻 $R_L = 8$ Ω，变压器的变压比 $K = 10$，求负载上的电压 U_2。

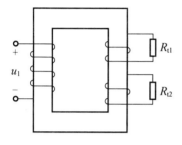

图 3.17   应用题 2 题图

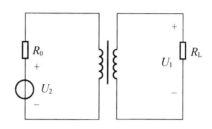

图 3.18   应用题 3 题图

3．已知信号源的交流电动势 $E = 2.4$V，内阻 $R_0 = 600\Omega$，通过变压器使信号源与负载完全匹配，若这时负载电阻的电流 $I_2 = 4$ mA，则负载电阻应为多大？

4．单相变压器一次绕组匝数 $N_1 = 1000$ 匝，二次绕组 $N_2 = 500$ 匝，现一次侧加电压 $U_1 = 220$V，二次侧接电阻性负载，测得二次侧电流 $I_2 = 4$A，忽略变压器的内阻抗及损耗，试求：(1)一次侧等效阻抗 $\left|Z_1'\right|$；(2)负载消耗的功率 P_2。

【参考图文】

第 4 章

三相异步电动机

【参考视频】

教学目标

(1) 了解三相异步电动机的基本结构、工作原理和铭牌数据。

(2) 理解三相异步电动机机械特性的分析方法。

(3) 掌握三相异步电动机的起动、制动和调速的工作原理。

把电能转化为机械能的装置称为电动机。电动机主要用于拖动机械。电动机按所需电源的种类可分为交流电动机和直流电动机，交流电动机又可分为异步电动机和同步电动机。而异步电动机由于具有结构简单、运行可靠、维护方便、价格低廉等优点，在所有电动机中应用最广泛。

4.1　三相异步电动机的结构及转动原理

4.1.1　三相异步电动机的结构

三相异步电动机分成两个基本组成部分：定子和转子，如图 4.1 所示。

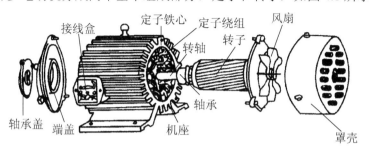

图 4.1　三相异步电动机的结构

定子由机座和机座内的圆筒形铁心及其中的三相定子绕组构成。机座是用铸铁或铸钢制成的，铁心是由相互绝缘的硅钢片叠成的。铁心圆筒内表面冲有槽，如图 4.2 所示，用来放置三相对称绕组 AX、BY 和 CZ，三相绕组可接成星形或三角形。

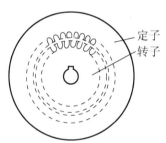

图 4.2　定子和转子的铁心

转子有两种形式，鼠笼式和绕线式，转子铁心是圆柱状，也用硅钢片叠成，表面冲有槽，以放置导条或绕组。轴上加机械负载。鼠笼式转子(图 4.3)制成鼠笼状，就是在转子铁心的槽中置入铜条或铝条(导条)。其两端用端环连接，称为短路环。在中小型鼠笼式电动机中，转子的导条多用铸铝制成。

   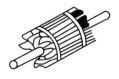

(a) 硅钢片　　(b) 笼形绕组　　(c) 钢条转子　　(d) 转子笼

图 4.3　鼠笼式转子

绕线式转子如图 4.4 所示。转子绕组同定子绕组一样，也是三相，接成星形。每相的始端接在三相集电环上，尾端接在一起，集电环固定在转轴上，同轴一起旋转，环与环，环与轴，都相互绝缘，在环上用弹簧压着碳质电刷，借助于电刷可以改变转子电阻以改变它的起动和调速性能。

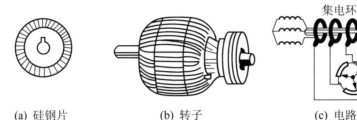

    (a) 硅钢片   (b) 转子   (c) 电路

图 4.4　绕线式转子

4.1.2　三相异步电动机的工作原理

三相异步电动机接上电源就会转动，这是什么原理呢？下面来做个演示。如图 4.5 所示，装有手柄的蹄形磁铁极间放有一个可以自由转动的鼠笼转子。磁极和转子之间没有机械联系。当摇动磁极时，发现转子跟着磁极一起转动，摇得快，转子也转得快。摇得慢，转子转动得也慢，反摇，转子马上反转。

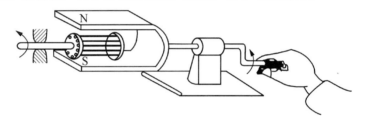

图 4.5　异步电动机模型

从这个演示实验得出两点启示：第一，有一个旋转磁场；第二，转子跟着磁场旋转。因此，在三相异步电动机中，只要有一个旋转磁场和一个可以自由转动的转子就可以了。

1. 旋转磁场的产生

在三相异步电动机定子铁心中放有三相对称绕组：AX、BY 和 CZ。设将三相绕组接成星形，接在三相电源上，绕组中便通入三相对称电流，其波形如图 4.6 所示。

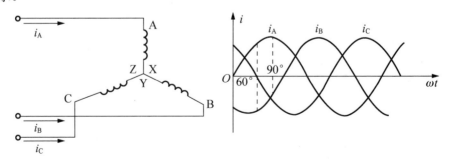

图 4.6　三相对称电流

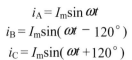

$$i_A = I_m \sin \omega t$$
$$i_B = I_m \sin(\omega t - 120°)$$
$$i_C = I_m \sin(\omega t + 120°)$$

设在正半周时，电流从绕组的首端流入，尾端流出。在负半周时，电流从绕组的尾端流入，首端流出。在 $\omega t = 0$ 时，定子绕组中电流方向如图 4.7(a)所示。此时 $i_A = 0$，i_C 为正半周，其电流从首端流入，尾端流出，i_B 为负半周，电流从尾端流入，首端流出。可由右手定则判断合成磁的方向。

同理可得出 $\omega t = 60°$ 和 $\omega t = 90°$ 时的合成磁场方向，如图 4.7(b)和图 4.7(c)所示。由图发现，当定子绕组中通入三相电流后，它们产生的合成磁场是一个随电流的变化而变化的旋转磁场。

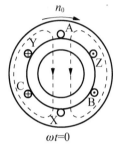
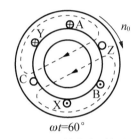
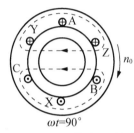

(a) $\omega t = 0$ 的合成磁场位置　(b) $\omega t = 60°$ 的合成磁场位置　(c) $\omega t = 90°$ 的合成磁场位置

图 4.7　旋转磁场的产生

2. 磁场的方向

旋转磁场的转向和三相电流的顺序有关，也称相序。以上是按 A→B→C 的相序，旋转磁场就按顺时针方向旋转。如将三相电源任意对调两相位置，按 A→C→B 的相序。可发现旋转磁场也反转。因此改变相序可以改变三相异步电动机的转向，如图 4.8 所示。

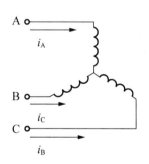
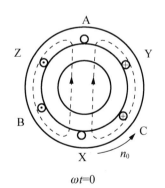
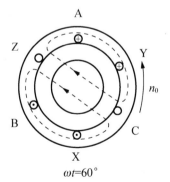

图 4.8　旋转磁场的反转

3. 旋转磁场的极数

旋转磁场的极数与每相绕组的串联个数有关，上述均为每相有一个绕组，能产生一对磁极($p = 1$，p 为磁极对数)。当每相有两个绕组串联时，其绕组首端之间的相位差为120°/2＝60°的空间角。产生的旋转磁场具有两对极($p=2$)，称 4 极电动机，如图 4.9、图 4.10 所示。

同理，每相有三个绕组串联($p=3$ 时，6 极电动机)，绕组首端之间相位差为120°/3＝40°的空间角。

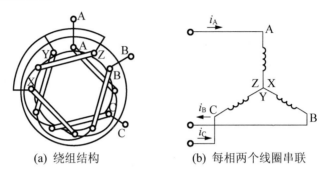

(a) 绕组结构   (b) 每相两个线圈串联

图 4.9   产生四极旋转磁场的定子绕组

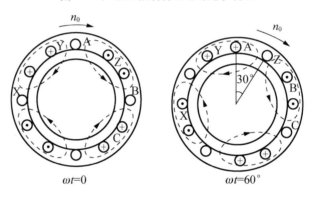

$\omega t=0$ $\omega t=60°$

图 4.10   三相电流产生的旋转磁场($p=2$)

4. 旋转磁场的转速

由上述分析可知，定子绕组通以三相交流电后，将产生磁极对数 $p=1$ 的旋转磁场，电流交变一周后，合成磁场也旋转一周。

旋转磁场的磁极对数 p 与定子绕组的空间排列有关，通过适当的安排，可以制成两对、三对或更多对磁极的旋转磁场。

根据以上分析可知，电流变化一周期，两极旋转磁场($p=1$)在空间旋转一周。若电流频率为 f，则旋转磁场每分钟的转速 $n_0=60f$。若使定子旋转磁场为四极($p=2$)，可以证明电流变化一周期，旋转磁场旋转半周(180°)，则按 $n_0=60f/2$ 类似方法，可推出具有 p 对磁极旋转磁场的转速 n_0(r/min)为

$$n_0=\frac{60f}{p} \tag{4-1}$$

n_0 为旋转磁场的转速，又称同步转速，一对磁极的电动机同步转速为3000 r/min。由式(4-1)可知，旋转磁场的转速 n_0 取决于电源频率 f 和电动机的磁极对数 p。我国电源频率为 50 Hz，不同磁极对数旋转磁场的转速见表 4-1。

表 4-1　不同磁极对数旋转磁场转速表

磁极对数 p	1	2	3	4	5
旋转磁场的转速 n_0/(r/min)	3000	1500	1000	750	600

5. 电动机的转动原理

三相异步电动机的转动原理如图 4.11 所示。旋转磁场以同步转速 n_0 顺时针方向旋转，相当于磁场不动，转子导体逆时针方向切割磁感线，产生感应电动势、感应电流。用右手定则可判定其方向，在转子导体上半部分流出纸面，下半部分流入纸面。有电流的转子导体在旋转磁场中受到电磁力的作用，用左手定则判断转子受力 (F) 的方向。电磁力对转子转轴形成电磁转矩，使转子沿旋转磁场的方向(顺时针方向)旋转。当旋转磁场反转时，电动机也反转。转子转速 n_1 与旋转磁场转速 n_0 同方向，并且 $n_0 > n_1$，故称为异步电动机。

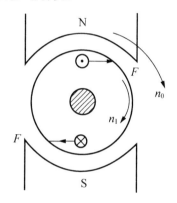

图 4.11　三相异步电动机的转动原理

通常把同步转速 n_0 与转子转速 n_1 的差值与同步转速 n_0 之比称为异步电动机的转差率，用 s 表示，即

$$s = \frac{n_0 - n_1}{n_0} \tag{4-2}$$

转差率 s 是描绘异步电动机运行情况的重要参数。电动机在起动瞬间，$n_1 = 0$，$s = 1$，转差率最大；空载运行时，n_1 接近于同步转速，转差率 s 最小。可见转差率 s 是描述转子转速与旋转磁场转速差异程度的，即电动机异步程度。

【例4.1】　某三相异步电动机额定转速(即转子转速)$n = 950$ (r/min)，试求工频情况下电动机的额定转差率及电动机的磁极对数。

解：由于电动机的额定转速接近于同步转速，所以可得电动机的同步转速 $n_0 = 1000$ (r/min)，磁极对数 $p = 3$，额定转差率为

$$s_N = \frac{n_0 - n_1}{n_0} = \frac{1000 - 950}{1000} = 0.05$$

一般情况下，异步电动机额定转差率 $s_N = 0.02 \sim 0.06$，当三相异步电动机空

载时，由于电动机只需克服摩擦阻力和空气阻力，故转速 n_1 很接近同步转速 n_0，转差率 s 很小。

4.2 三相异步电动机的电磁转矩与机械特性

4.2.1 三相异步电动机的电磁转矩

电动机拖动生产机械工作时，负载改变，电动机输出的电磁转矩随之改变，因此电磁转矩是一个重要参数。因为三相异步电动机的电磁转矩是由转子绕组中的电流与旋转磁场相互作用产生的，所以电磁转矩 T 与旋转磁场的主磁通 Φ 及转子电流 I_2 有关。

1. 定子电路分析

旋转磁场以同步转速 n_1 切割静止的定子绕组，产生感应电动势 e_1，与变压器原理类似，感应电动势的有效值为

$$E_1 \approx 4.44 f_1 N_1 \Phi \tag{4-3}$$

式中，f_1 是电源频率；N_1 是定子绕组每相的匝数；Φ 是旋转磁场每个磁极下的磁通量。略去定子绕组电路中其他次要因素的影响，可近似认为电源电压的有效值 $U_1 \approx E_1$，其中

$$\Phi \approx \frac{U_1}{4.44 f_1 N_1} \tag{4-4}$$

因为 f_1 和 N_1 都是定值，故式(4-4)表明，旋转磁场每个磁极下的磁通量 Φ 单一地由电源电压 U_1 决定。

2. 转子电路分析

与变压器不同的是，异步电动机的转子以 $(n_0 - n_1)$ 的相对速度与旋转磁场相切割，转子电路频率为

$$f_2 = \frac{n_0 - n_1}{60} p = \frac{n_0 - n_1}{n_0} \times \frac{n_0}{60} p = s f_1 \tag{4-5}$$

转子绕组中产生的感应电动势为

$$E_2 = 4.44 k_2 f_2 N_2 \Phi = 4.44 k_2 s f_1 N_2 \Phi = s E_{20} \tag{4-6}$$

式中，k_2 是转子绕组结构常数；N_2 是转子每相绕组的匝数。

电动机的转子电流是由转子电路中感应电动势 E_2 和阻抗 Z_2 共同决定的，即

$$I_2 = \frac{s E_{20}}{\sqrt{R_2^2 + s X_2^2}} \tag{4-7}$$

式(4-7)表明，转子电路的感应电动势随转差率的增大而增大，转子电路阻抗虽然也随转差率的增大而增大，但增加量与感应电动势相比较小。因此转子电路中的电流随转差率的增大而上升。

由于转子电路中存在电抗 X_2，因而使转子电流 I_2 滞后感应电动势 E_2 一个相位

差 φ_2，转子电路的功率因数为

$$\cos\varphi_2 = \frac{R_2}{\sqrt{R_2^2 + (sX_{20}^2)}} \qquad (4\text{-}8)$$

显然，转子电路的功率因数随转差率 s 的增大而下降。由以上分析可得，转子电路中各物理量都与转差率 s 有关，即与转速有关，这是学习电动机时应该注意的特点。

3. 三相异步电动机的转矩特性

经实验和数学推导证明，异步电动机的电磁转矩与气隙磁通及转子电流的有功分量成正比，即

$$T = K_T \boldsymbol{\Phi} I_2 \cos\varphi_2 \qquad (4\text{-}9)$$

式中，K_T 是电动机结构常数。将式(4-6)、式(4-7)和式(4-8)代入式(4-9)，可得

$$T = K_T U_1^2 \frac{sR_2}{R_2^2 + (sX_{20})^2} \qquad (4\text{-}10)$$

式(4-10)表明，当电源电压有效值 U_1 一定时，电磁转矩是转差率的函数，其关系曲线如图 4.12 所示，称为异步电动机的转矩特性。

式(4-10)还表明电磁转矩与电源电压的平方成正比，但这并不意味着电动机工作电压越高，电动机实际输出的转矩就越大。电动机稳定运行情况下，不论电源电压高低，其输出转矩只取决于负载转矩 T_L。

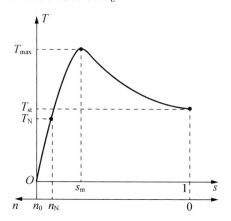

图 4.12　异步电动机转矩特性曲线

4.2.2　三相异步电动机的机械特性

当异步电动机的电磁转矩改变时，它的转速也会随之发生变化。电动机产生的电磁转矩 T 与转子转速 n_1 的关系曲线称为电动机的机械特性曲线，如图 4.13 所示。

1. 稳定区和不稳定区

以最大转矩 T_{max} 为界，机械特性分为两个区，上边为稳定运行区，下边为不稳定区。

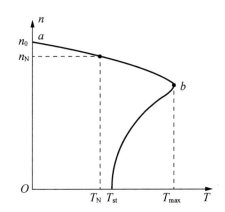

图 4.13　三相异步电动机的机械特性曲线

1) 稳定区

在稳定运行区，电磁转矩能自动适应负载，即电动机稳定运行时，其电磁转矩和转速的大小都取决于它所拖动的机械负载。由图 4.13 可见，异步电动机的稳定运行区比较平坦，当电动机的负载转矩增加时，在最初的瞬间电动机的电磁转矩 $T<T_L$，所以它的转速开始下降，随着转速的下降，电磁转矩增加，电动机在新的稳定状态下运行，这时的转速较前者为低，但是，ab 比较平坦。当负载在空载与额定值之间变化时，转速变化不大，一般仅 2%～8%，这样的机械特性称为硬特性，这种硬特性很适应于金属切削机床等工作机械的需要。

2) 不稳定区

在不稳定运行区，电磁转矩不能自动适应负载转矩的变化，因而不能稳定运行。当负载转矩超过电动机最大转矩时，电动机转速将急剧下降，直到停转(堵转)。通常电动机都有一定的过载能力，起动后会很快通过不稳定运行区而进入稳定区工作。

2. 三个重要转矩

1) 额定转矩 T_N

额定转矩是指电动机在额定负载的情况下，其轴上输出的转矩。由于电动机稳定运行时，其电磁转矩等于负载转矩，所以可以用额定电磁转矩来表示额定输出转矩。电动机的额定转矩可以通过电动机铭牌上的额定功率和额定转速求得，即

$$T_N = T_L = \frac{P_N}{2\pi n_N / 60} = 9550 \frac{P_N}{n_N} \tag{4-11}$$

式中，P_N 是电动机轴上输出的机械功率(kW)；n_N 是电动机的额定转速(r/min)。得到的额定转矩单位为 N·m 。

2) 最大转矩 T_{max}

T_{max} 是三相异步电动机电磁转矩最大值。最大转矩对电动机的稳定运行有重要意义。当电动机负载突然增加时，短时过载，接近最大转矩，电动机仍能稳定运行，也不至于过热。当电动机负载转矩大于最大转矩，即 $T_L > T_{max}$ 时，电动机因带不动负载而停转(故最大转矩也称为停转转矩)，此时电动机电流即刻升到 $(6\sim7)I_N$，导致

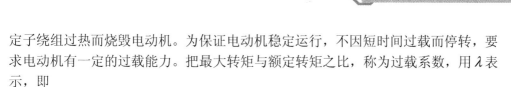

定子绕组过热而烧毁电动机。为保证电动机稳定运行，不因短时间过载而停转，要求电动机有一定的过载能力。把最大转矩与额定转矩之比，称为过载系数，用 λ 表示，即

$$\lambda = \frac{T_{max}}{T_N} \tag{4-12}$$

一般三相异步电动机的过载系数为 1.8～2.2。在选用电动机时，必须考虑可能出现的最大负载转矩，而后根据所选电动机的过载系数算出最大转矩。

3) 起动转矩 T_{st}

电动机刚起动瞬间，$n=0$、$s=1$ 时的转矩称为起动转矩。只有当起动转矩大于负载转矩时，电动机才能够起动，起动转矩越大，起动越迅速。如果起动转矩小于负载转矩，则电动机不能起动。这时与堵转情况一样，电动机的电流达到最大，容易过热。因此当发现电动机不能起动时，应立即断开电源停止起动，在减轻负载排除故障后再重新起动。

T_{st} 与额定转矩 T_N 之比称为起动系数，记作 k_{st}。

$$k_{st} = \frac{T_{st}}{T_N} \tag{4-13}$$

k_{st} 反映了电动机的起动能力，Y 系列三相异步电动机的起动系数为 1.7～2.2。

【例 4.2】 有两台功率相同的三相异步电动机，一台 $P_N = 7.5\text{kW}$，$U_N = 380\text{V}$，$n_N = 962\text{r/min}$，另一台 $P_N = 7.5\text{kW}$，$U_N = 380\text{V}$，$n_N = 1450\text{r/min}$，求它们的额定转矩。

解： 第一台：$T_N = 9550\dfrac{P_N}{n_N} = 9550 \times \dfrac{7.5}{962} = 74.45 \ (\text{N·m})$

第二台：$T_N = 9550\dfrac{P_N}{n_N} = 9550 \times \dfrac{7.5}{1450} = 49.4 \ (\text{N·m})$

由上结果可知，当输出功率 P_N 一定时，额定转矩与转速成反比，也近似与磁极对数 P 成正比。因此，相同功率的异步电动机，磁极对数越多，则转速越低，其额定转矩越大。

3．影响机械特性的两个重要因素

前已述及，在式(4-10)中可以人为改变参数的是外加电压 U_1 和转子电路的电阻 R_2，它们是影响电动机机械特性的两个重要因素。

在保持转子电阻 R_2 不变的条件下，同一转速(即相同转差率)时，电动机的电磁转矩 T 与定子绕组外加电压 U_1 的平方成正比。图 4.14 示出了不同电压的机械特性曲线。

由图 4.14 可见，当电动机负载的阻力矩一定时，由于电压降低，电磁转矩迅速下降，将使电动机有可能带不动原有的负载，于是转速下降，电流增大。如果电压下降过多，以致最大转矩低于负载转矩，则电动机被迫停转，时间稍长，电动机会

因过热损坏。在保持外加电压 U_1 不变的条件下，增大转子电路电阻 R_2 时，电动机机械特性的稳定区保持同步转速 n_1 不变，而斜率增大，即机械特性变软，如图 4.15 所示。由图可见，电动机的最大转矩 T_{max} 不随 R_2 而变，而起动转矩 T_{st} 则随 R_2 的增大而增大，起动转矩最大时可达到与最大转矩相等。由此可见，绕线型异步电动机可以采用加大转子电阻的办法来增大起动转矩。

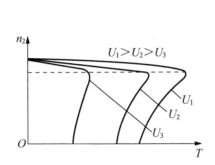

图 4.14 三相异步电动机的机械特性曲线

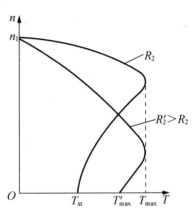

图 4.15 转子电阻对机械特性的影响

4.3 三相异步电动机的控制

三相异步电动机的控制包括起动、制动、反转和调速四个控制过程，每个过程都有一定的要求。下面分别简要介绍(其中反转控制将在第 5 章详细介绍)。

4.3.1 电动机的起动控制

1. 起动控制

电动机的起动控制就是把电动机的定子绕组与电源接通，使电动机的转速由静止($n=0$、$s=1$)加速到额定转速的过程。

在电动机起动的瞬间，其转速 $n=0$，转差率 $s=1$，转子电流达到最大值，这时定子电流也达到最大值。一般为电动机额定电流的 $4\sim7$ 倍，这样大的起动电流在短时间内会使线路上造成较大的电压降落，而使负载的端电压降低，影响邻近负载的正常工作，如使日光灯熄灭等。因此，电动机起动的主要缺点是起动电流过大。一般采用一些适当的起动方法，以限制起动电流。

2. 起动方法

鼠笼式异步电动机的起动方法有直接起动和降压起动两种。

(1) 直接起动。直接起动就是利用闸刀开关或接触器将电动机定子绕组直接接到电源上，这种方法称为直接起动或全压起动，如图 4.16 所示。

直接起动的优点是设备简单，操作方便，起动过程短。只要电网的容量允许，尽量采用直接起动。在电动机频繁起动时，电动机的容量小于为其提供电源的变压器容量的 20%时，允许直接起动；如果电动机不频繁起动，其容量小于变压器的 30%时，允许直接起动。通常 20～30kW 以下的异步电动机一般都是采用直接起动。

(2) 降压起动。如果电动机的容量较大，不满足直接起动条件，则必须采用降压起动，降压起动就是利用起动设备降低电源电压后，加在电动机定子绕组上以减小起动电流。鼠笼式电动机降压起动常用以下几种方法。

① 星形-三角形(丫-△)换接起动(图 4.17)。如果电动机在运行时其定子绕组接成三角形，那么在起动时可把它接成星形，等到转速接近额定转速时再换接成三角形，这样，在起动时就把定子每相绕组上的电压降低到正常运行时的 $1/\sqrt{3}$，而起动时的电流只是三角形起动的 1/3。当然，由于电磁转矩与定子绕组电压的平方成正比，所以起动转矩也减小为直接起动时的 $\left(1/\sqrt{3}\right)^2 = 1/3$，起动过程较长。

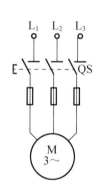

图 4.16　电动机的直接起动

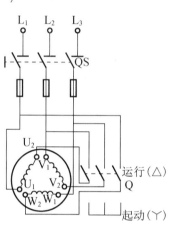

图 4.17　丫-△换接起动

② 自耦降压起动。自耦降压起动就是利用自耦变压器将电压降低后加到电动机定子绕组上，当电动机转速接近额定转速时，再加额定电压的降压起动方法，如图 4.18 所示。

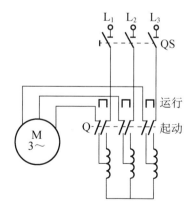

图 4.18　自耦降压起动

起动时把 QS 扳到起动位置，使三相交流电源经自耦变压器降压后，接在电动机的定子绕组上，这时电动机定子绕组得到的电压低于电源电压，因而，减小了起动电流，待电动机转速接近额定转速时，再把 QS 从起动位置迅速扳到运行位置，让定子绕组得到全压。

自耦降压起动时，电动机定子绕组电压降为直接起动时的 $1/K$ (K 为变压比)，定子电流也降为直接起动时的 $1/K$，而电磁转矩与外加电压的平方成正比，故起动转矩为直接起动时的 $1/K^2$。

起动用的自耦变压器专用设备称为补偿器，它通常有几个抽头，可输出不同的电压，如电源电压的 80%、60%、40% 等，可供用户选用。一般补偿器只用于大功率的电动机起动，并且运行时采用星形接法的鼠笼式异步电动机。

③ 转子串电阻的降压起动。对于绕线式电动机，只要在转子电路串入适当的起动电阻 R_{st}，就可以限制起动电流，如图 4.19 所示。随着转速的上升可将起动电阻逐段切除。卷扬机、锻压机、起重机及转炉等设备中的电动机起动常用串电阻降压起动。

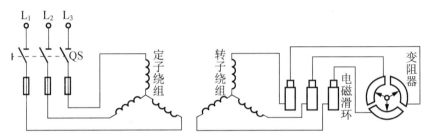

图 4.19　绕线式电动机的串电阻起动

【例 4.3】　已知 Y280S-4 型鼠笼式异步电动机的额定功率为 75kW，额定转速为 1480 r/min，起动系数为 $T_{st}/T_N = 1.9$，负载转矩为 200 N·m，电动机由额定容量为 320kV·A，输出电压为 380V 的三相变压器供电，试问: (1)电动机能否直接起动; (2)电动机能否用丫-△换接起动; (3)如果采用有 40%、60%、80% 三个抽头的起动补偿器进行降压起动，应选用哪个抽头?

解: (1) 电动机额定功率占供电变压器额定容量的比值为 $\dfrac{75}{320} = 0.234 = 23.4\% > 20\%$ 故不能直接起动，必须采用降压起动。

(2) 电动机的额定转矩 T_N 和起动转矩 T_{st} 分别为

$$T_N = 9550\frac{P_N}{n_N} = 9550 \times \frac{75}{1480} = 484 \ (N \cdot m)$$

$$T_{st} = \left(\frac{T_{st}}{T_N}\right)T_N = 1.9 \times 484 = 920 \ (N \cdot m)$$

如果用丫-△换接起动，则起动转矩为

$$T_{stY} = \frac{1}{3}T_{st} = \frac{1}{3} \times 920 = 307 \ (N \cdot m) > 200 \ (N \cdot m)$$

当起动转矩大于负载转矩时，电动机可以起动，否则电动机不能起动。故该电动机可以采用丫-△换接起动。

(3) 用 40%、60%、80% 三个抽头降压时，起动转矩分别为

$$T_{st}(40\%) = (0.4)^2 \times 920 = 147 \ (\text{N·m}) < 200 \ (\text{N·m}) \text{(不能起动)};$$

$$T_{st}(60\%) = (0.6)^2 \times 920 = 331 \ (\text{N·m}) > 200 \ (\text{N·m}) \text{(可以起动)};$$

$$T_{st}(80\%) = (0.8)^2 \times 920 = 589 \ (\text{N·m}) > 200 \ (\text{N·m}) \text{(可以起动，但起动转矩远远}$$

大于负载转矩时，起动电流较大)

故采用 60% 抽头最佳。

4.3.2 电动机的制动控制

1. 制动过程

因为电动机的转动部分有惯性，所以当切断电源后，电动机还会继续转动一定时间后才能停止。但某些生产机械要求电动机脱离电源后能迅速停止，以提高生产效率和安全性，为此，需要对电动机进行制动，对电动机的制动也就是在电动机停电后施加与其旋转方向相反的制动转矩。

2. 制动方法

制动方法有机械制动和电气制动两类。

1) 机械制动

机械制动通常用电磁铁制成的电磁抱闸来实现，当电动机起动时电磁抱闸的线圈同时通电，电磁铁吸合，闸瓦离开电动机的制动轮(制动轮与电动机同轴连接)，电动机运行；当电动机停电时，电磁抱闸线圈失电，电磁铁释放，在弹簧的作用下，闸瓦把电动机的制动轮紧紧抱住，以实现制动。起重设备常采用这种制动方法。此方法不但提高了生产效率，而且可以防止在工作中因突然停电使重物下滑而造成的事故。

2) 电气制动

电气制动是利用在电动机转子导体内产生的反向电磁转矩来制动，常用的电气制动方法有能耗制动和反接制动两种。

(1) 能耗制动。这种制动方法是在切断三相电源的同时，在电动机三相定子绕组的任意两相中通以一定电压的直流电，直流电流将产生固定磁场，而转子由于惯性继续按原方向转动，根据右手定则和左手定则不难确定这时转子电流和固定磁场相互作用产生的电磁转矩的方向与电动机转动方向相反，因而，起到制动的作用。制动转矩的大小与通入定子绕组直流电流的大小有关，一般为电动机额定电流的50%，可通过调节电位器 R_P 来控制。因为这种制动方法是利用消耗转子的动能(转换为电能)来进行制动控制的，所以称为能耗制动，如图 4.20 所示。

能耗制动的优点是制动平稳，消耗电能少，但需要有直流电源。目前一些金属切削机床中常采用这种制动方法。在一些重型机床中还将能耗制动与电磁抱闸配合使用，先进行能耗制动，待转速降至某一值时，令电磁抱闸动作，可以有效地实现准确快速停车。

（2）反接制动。改变电动机三相电源的相序，使电动机的旋转磁场反转的制动方法称为反接制动。

在电动机需要停车时，可将接在电动机上的三相电源中的任意两相对调位置，使旋转磁场反转，而转子由于惯性仍按原方向转动，这时的转矩方向与电动机的转动方向相反，因而，起到制动作用。当转速接近零时，利用控制电器迅速切断电源，否则电动机将反转，如图 4.21 所示。

【参考视频】

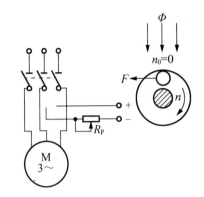

图 4.20　能耗制动

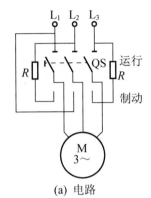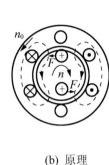

(a) 电路　　　　(b) 原理

图 4.21　反接制动

在反接制动时，由于旋转磁场转速 n_0 与转子转速 n 之间的转速差(n_0-n)很大，转差率 $s>1$，因此，电流很大，为了限制电流及调整制动转矩的大小，常在定子电路(鼠笼式)或转子电路(绕线式)中串入适当电阻。

反接制动不需要另备直流电源，结构简单，而且制动力矩较大，停车迅速，但机械冲击和能耗较大，一般在中小型车床和铣床等机床中使用这种制动方法。

4.3.3　电动机的调速控制

1. 调速过程

电动机的调速是在同一负载下得到不同的转速，以满足生产过程的要求，如各种切削机床的主轴运动随着工件与刀具的材料、工件直径、加工工艺的要求及吃刀量的大小不同，要求电动机有不同的转速，以获得最高的生产效率并保证加工质量。若采用电气调速，则可以大大简化机械变速机构。由电动机的转速公式：$n = (1-s)\,n_0 = 60f_1/p$ 可知，改变电动机转速的方法有三种，即改变极对数 p，改变转差率 s 和改变电源频率 f_1。

2. 调速方法

1) 变极调速

改变电动机的极对数 p，即改变电动机定子绕组的接线，从而得到不同的转速。由于极对数 p 只能成倍改变，因此这种调速方法是有级调速，如图 4.22 所示。

在图 4.22(a)中两个线圈串联，得出 $p = 2$，在图 4.22(b)中两个线圈并联，得出 $p = 1$，从而得到两种极对数(双极电动机)的转速，实现了变极调速，这种方法不能实现无级调速。双速电动机在机床上应用较多，如镗床、磨床、铣床等。

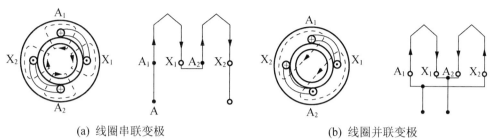

|　　(a) 线圈串联变极　　|　　(b) 线圈并联变极　　|

图 4.22　变极调速

2) 变转差率调速

改变转差率调速是在不改变同步转速 n_0 条件下的调速,这种调速只适用于绕线式电动机,是通过在转子电路中串入调速电阻(和串入电阻起动电阻相同)来实现调速的。这种调速方法的优点是设备简单、投资少,但能量损耗较大。

3) 变频调速

近年来,交流变频调速在国内外发展非常迅速。由于晶闸管变流技术的日趋成熟和可靠,变频调速在生产实际中应用非常普遍,打破了直流拖动在调速领域中的统治地位。交流变频调速需要有一套专门的变频设备,所以价格较高。但由于其调速范围大,平滑性好,适应面广,能做到无级调速,因此它的应用将日益广泛。

4.4　三相异步电动机的铭牌数据

电动机的外壳上都有一块铭牌,标出了电动机的型号及主要技术数据,以便能正确地使用电动机。表 4-2 示出了某三相异步电动机的铭牌数据。

表 4-2　三相异步电动机铭牌数据

型号 Y-112M-4		编号	
4.0kW		8.8A	
380V	1440r/min	LW	82dB
接法:△	防护等级 IP44	50Hz	45kg
标准编号	工作制 S_1	B 级绝缘	年　　月
×××电机厂			

型号(Y-112M-4):表示国产 Y 系列异步电动机,机座中心高度为 112mm,"M"表示中机座规格("L"表示长机座,"S"表示短机座),"4"表示旋转磁场为四极($p = 2$)。

额定功率 P_N(4.0kW):表示电动机在额定工作状态下运行时轴上输出的机械功率。

额定电压 U_N(380V):表示定子绕组上应施加的线电压。为了满足定子绕组对额定电压的要求,通常功率在 3kW 以下的异步电动机,定子绕组作星形联结;功率在 4kW 以上时,定子绕组作三角形联结。

额定电流 I_N(8.8A):表示电动机额定运行时定子绕组的线电流。

额定转速 n_N(1440r/min)：表示电动机在额定运行时转子的转速。

额定频率 f(50Hz)：表示电动机定子绕组输入交流电源的频率。

接法(△)：表示在额定电压下，定子绕组应采取的联结方式，Y 系列 4kW 以上电动机均采用三角形联结。

防护等级(IP44)：表示电动机外壳防护的方式为封闭式电动机。

工作制(工作制 S_1)：表示电动机可以在铭牌标出的额定状态下连续运行。S_2 为短时运行，S_3 为短时重复运行。

绝缘等级(B 级绝缘)：表示电动机各绕组及其他绝缘部件所用绝缘材料的等级。绝缘材料按耐热性能可分为 Y、A、E、B、F、H、C 七个等级。目前，国产 Y 系列电动机一般采用 B 级绝缘。

此外，铭牌上标注的"LW 82dB"是电动机的噪声等级。除铭牌上标出的参数外，在产品目录或电工手册中还有其他一些技术数据。例如：

功率因数：在额定负载下定子等效电路的功率因数。

效率：电动机在额定负载时的效率，等于额定状态下输出功率与输入功率之比，即

$$\eta_N = \frac{P_N}{P_1} \times 100\% = \frac{P_N}{\sqrt{3}I_N U_N \cos\phi} \times 100\% \tag{4-14}$$

温升：在额定负载时，绕组的工作温度与环境温度的差值。

【例 4.4】 某三相异步电动机，型号为 Y225-M-4，其额定数据如下：额定功率 45kW，额定转速 1480 r/min，额定电压 380V，效率 92.3%，功率因数 0.88，$I_{st}/I_N = 7.0$，起动系数 $k_{st} = 1.9$，过载系数 $\lambda = 2.2$，试求：(1)额定电流 I_N 和起动电流 I_{st}；(2)额定转差率 S_N；(3)额定转矩 T_N、最大转矩 T_{max}、起动转矩 T_{st}。

解：(1) 4~100kW 的电动机通常采用 380V/△(三角形联结)，因此有

$$I_N = \frac{P_N}{\sqrt{3}U_N \cos\phi \eta_N} = \frac{45 \times 10^3}{\sqrt{3} \times 380 \times 0.88 \times 92.3\%} = 84.2 \text{ (A)}$$

$$I_{st} = \left(\frac{I_{st}}{I_N}\right) \times I_N = 7 \times 84.2 = 589.4 \text{ (A)}$$

(2) 由 $n_N = 1480$ r/min 可知，该电动机是四极的，即 $p = 2$，$n_0 = 1500$r/min 所以

$$S_N = \frac{n_0 - n_N}{n_0} = \frac{1500 - 1480}{1500} = 0.013 = 1.3\%$$

(3) $$T_N = 9550\frac{P_N}{n_N} = 9550 \times \frac{45}{1480} = 290.4 \text{ (N·m)}$$

$$T_{max} = \lambda T_N = 2.2 \times 290.4 = 638.9 \text{ (N·m)}$$

$$T_{st} = k_{st} T_N = 1.9 \times 290.4 = 551.7 \text{ (N·m)}$$

习　　题

一、填空题

1. 旋转磁场的旋转方向与通入定子绕组中的三相电流的_____有关，异步电动机的转动方向与_____的方向相同。

2. 转差率为_____与_____之比，电动机的转差率随转速的升高而_____，功率因数随转差率的增大而_____，转子的电流随转差率的增大而_____。

3. 电动机铭牌上标示的功率值是电动机额定运行状态下轴上输出的_____值，它比输入的电功率_____，它们的比值叫_____。

4. 电动机是_____性负载，其功率因数_____，不宜在_____和_____下运行。

5. 旋转磁场的主磁通与外加电压成_____，电磁转矩与电源_____成正比。

二、判断题

(　　) 1. 当加在定子绕组上的电压降低时，将引起转速下降，电流减小。

(　　) 2. 异步电动机转子电路的频率随转速而改变，转速越高，频率越高。

(　　) 3. 三相异步电动机在空载和满载下起动时的电流是一样的。

(　　) 4. 电动机的电磁转矩与电源电压平方成正比，因此电压越高，电磁转矩越大。

(　　) 5. 电动机任何情况下都不允许过载。

三、选择题

1. 三相异步电动机的旋转方向与通入的三相电流的(　　)有关。
　　A. 大小　　　　B. 方向　　　　C. 相序　　　　D. 频率

2. 三相异步电动机旋转磁场的转速与(　　)有关。
　　A. 负载大小　　B. 电压大小　　C. 电源频率　　D. 电阻大小

3. 三相异步电动机的最大转矩与(　　)。
　　A. 电压成正比　　　　　　B. 电压成反比
　　C. 电压平方成反比　　　　D. 电压平方成正比

4. 与电动机的机械特性有关的是(　　)。
　　A. 环境　　　B. 参数　　　C. 负载　　　D. 电源

5. 下列与转差率无关的是(　　)。
　　A. 电流　　　B. 速度　　　C. 功率因数　　　D. 频率

四、应用题

1. 一台三相异步电动机的铭牌数据见表 4-3。又知其满载时的功率因数为 0.8，试求：(1)电动机的极数；(2)电动机满载运行时的输入电功率；(3)额定转差率；(4) 额定效率；(5)额定转矩。

表 4-3　某三相异步电动机铭牌数据(1)

型号：Y-112M-4	接法：△	功率：4.0 kW
电流：8.8 A	电压：380 V	转速：1440 r/min

2．某三相异步电动机铭牌数据见表 4-4。

表 4-4　某三相异步电动机铭牌数据(2)

功率/kW	电压/V	电流/A	转速/(r/min)	效率	功率因数	I_{st}/I_N	T_{st}/T_N	T_{max}/T_N
11	380	21.8	2930	0.872	0.88	7.0	2.0	2.2

(1) 电源线电压 $U_L = U_N = 380$ V，该电动机可否采用 Y-△ 降压法起动？如果可以，计算起动转矩和起动电流。

(2) 若起动时负载转矩是 50 N·m，电源线电压 $U_L = U_N$ 时，能否采用直接起动法起动？当电源线电压 $U_L = 0.8\ U_N$ 时，情况又如何？

【参考图文】

第 5 章

继电接触器控制系统

教学目标

(1) 掌握常用控制电器的工作原理、使用及图形符号。

(2) 掌握三相异步电动机基本控制电路的工作原理及接线。

(3) 能够读懂基本的电气原理图。

应用电力拖动是实现生产过程自动化控制的一个重要前提。目前国内外普遍采用由接触器、继电器、按钮等有触点电器组成的控制电路，对电动机进行控制，称为继电接触器控制。如果再配合其他无触点控制电器、控制电机、电子电路及计算机化的可编程序控制器(PLC)等，则可构成生产机械现代化自动控制系统。

5.1 常用控制电器

5.1.1 刀开关

刀开关[图 5.1(a)]是结构最简单的一种手动电器,在低压电路中,用于不频繁接通和分断电路,或用来将电路和电源隔离,因此刀开关又称为隔离开关。按极数不同,刀开关分为单极(单刀)、双极(双刀)和三极(三刀)三种,其图形符号如图 5.1(b)所示。

【参考动画】

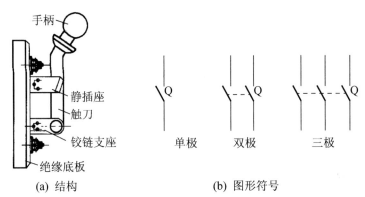

(a) 结构   (b) 图形符号

图 5.1 刀开关

【参考视频】

5.1.2 组合开关

在机床电气控制线路中,组合开关(又称转换开关)常用作电源引入开关,也可用来直接起动和停止小容量鼠笼式电动机或使电动机正反转。其结构和图形符号如图 5.2 所示。

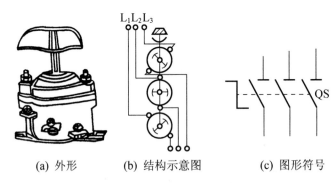

(a) 外形   (b) 结构示意图   (c) 图形符号

图 5.2 组合开关

组合开关有三对静触片,每个触片的一端固定在绝缘垫板上,另一端伸出盒外,连在接线柱上。三个动触片套在装有手柄的绝缘转动轴上,转动轴就可以将三个触点同时接通或断开。

组合开关有单极、双极、三极和多极几种。

5.1.3　按钮

【参考视频】

按钮(图 5.3)通常用来接通或断开控制电路(其电流较小)。在按钮未按下时,动触点与上面的静触点接通,这对触点称为动断触点(常闭触点);同时和下面的静触点则是断开的,这对触点称为动合触点(常开触点)。当按下按钮帽时,上面的动断触点断开,而下面的动合触点接通;当松开按钮帽时,动触点在复位弹簧的作用下复位。

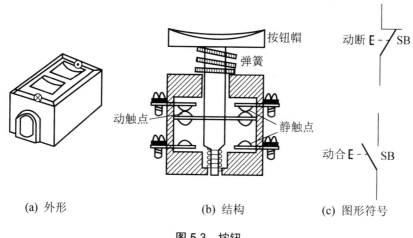

(a) 外形　　　　　(b) 结构　　　　　(c) 图形符号

图 5.3　按钮

5.1.4　熔断器

熔断器是最常用的短路保护电器,熔断器中的熔片(或熔丝)用电阻率较高且熔点较低的合金制成,如铅锡合金等。在正常工作时,熔断器中的熔片(或熔丝)不应熔断。一旦发生短路,熔断器中的熔片(或熔丝)应立即熔断,及时切断电源,以达到保护线路和电气设备的目的。图 5.4 所示为三种常用的熔断器及熔断器的图形符号。

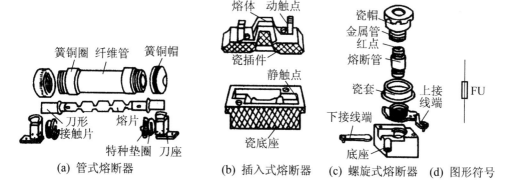

(a) 管式熔断器　　　(b) 插入式熔断器　(c) 螺旋式熔断器　(d) 图形符号

图 5.4　熔断器

5.1.5　自动空气断路器

自动空气断路器也称空气开关或自动开关,是一种常用的低压保护电器,可实

【参考视频】

现短路、过载和失(欠)电压保护。它的结构形式很多，图 5.5 所示的是一般原理图。

【参考视频】

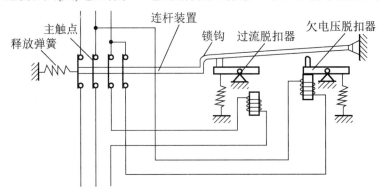

图 5.5　自动空气断路器的原理图

主触点通常由手动的操作机构来闭合的开关。脱扣机构是一套连杆装置。当主触点闭合后被锁钩锁住。如果电路发生故障，脱扣机构就在脱扣器的作用下将锁钩脱开，于是主触点在释放弹簧的作用下迅速分断。脱扣器有过流脱扣器和欠电压脱扣器等，它们都是电磁铁装置。在正常情况下，过流脱扣器的衔铁是释放着的；一旦发生严重过载或短路故障，与主电路串联的线圈(图 5.5 中只画出一相)就将产生较强的电磁吸力将衔铁往下吸而顶开锁钩，使主触点断开。欠电压脱扣器的工作恰恰相反，在电压正常时，吸住衔铁，主触点才得以闭合；一旦电压严重下降或断电时，衔铁就被释放而使主触点断开。当电源电压恢复正常时，必须重新手动合闸后才能工作，实现了失电压保护。

5.1.6　交流接触器

交流接触器是一种靠电磁力的作用使触点闭合或断开来接通、断开电动机(或其他电气设备)电路的自动电器。图 5.6 所示为交流接触器的外形、结构和图形符号。

【参考动画】

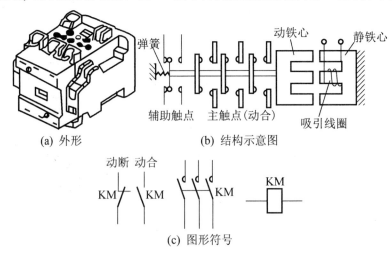

(a) 外形　　　　　　(b) 结构示意图

(c) 图形符号

图 5.6　交流接触器

交流接触器电磁铁的铁心分为静铁心和动铁心两部分，静铁心固定不动，动铁心与动触点连在一起可以左右移动，当静铁心的吸引线圈通过额定电流时，静、动铁心之间产生电磁吸力，动铁心带动动触点一起右移。使动断触点断开，动合触点闭合；当吸引线圈断电时，电磁力消失，动铁心在弹簧的作用下带动触点复位，可见利用交流接触器线圈的通电或断电可以控制交流接器触点闭合或断开。

交流接触器的触点分为主触点和辅助触点两种。主触点的接触面积较大，允许通过较大的电流，辅助触点的接触面积较小，只能通过较小的电流(5A 以下)。主触点通常是 3～5 对动合触点，可接在电动机的主电路中。当接触器线圈通电时，主触点闭合，电动机旋转；当接触器线圈断电时，主触点断开，电动机停止转动。这就是利用线圈中小电流的通、断来控制主电路中大电流的通断。交流接触器的辅助触点通常是两对动合触点和两对动断触点，可以用于控制电路中。

5.1.7　热继电器

热继电器是用来保护电动机使之不过载的保护电器。它是利用膨胀系数不同的双金属片遇热后弯曲变形来推动触点，从而断开控制电路的。热继电器主要由发热元件、双金属片、触点及一套传动和调整机构组成，如图 5.7 所示。

【参考视频】

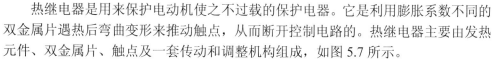

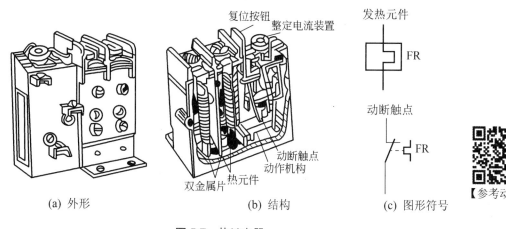

（a）外形　　　　　（b）结构　　　　　（c）图形符号

【参考动画】

图 5.7　热继电器

由于热惯性，热继电器不能作短路保护。因为发生短路时，要求电路立即断开，而热继电器是不能立即动作的。但是这个"热惯性"也是合乎使用要求的，在电动机起动或短时过载时，热继电器不会动作，这可避免电动机的不必要停车。如果热继电器动作后，应排除故障后手动复位。

热继电器的主要技术数据是整定电流(整定值)。所谓整定电流，就是热元件中通过的电流超过此值的 20%时，热继电器应当在 20min 内动作。根据整定电流选用热继电器，而整定电流与电动机的额定电流基本一致。

5.2　笼型异步电动机的直接起动控制线路

对于小容量鼠笼式异步电动机可以进行直接起动。工业中生产机械动作是各种各样的，因而满足这些生产机械动作要求的继电接触器控制电路也是多种多样

电路电工基础

的，但各种控制电路一般都由主电路和控制电路这两大基本环节按照一定的要求连接而成。下面以工业中最常用的鼠笼式异步电动机的控制电路为例，说明继电接触器控制的基本环节及其控制原理。

5.2.1　点动控制

点动控制就是按下起动按钮时电动机转动，松开起动按钮电动机就停止转动。点动控制电路如图 5.8 所示。

【参考视频】

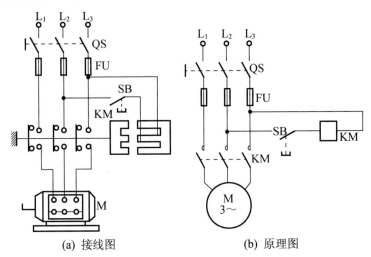

(a) 接线图　　　　　　　　　　(b) 原理图

图 5.8　点动控制电路

【参考动画】

当电动机需要点动时，先合上开关 QS，再按下按钮 SB，此时接触器的吸引线圈(称线圈)通电，铁心吸合，于是接触器的三对主触点闭合，电动机与电源接通而运转。当松开按钮 SB 时，接触器线圈失电，动铁心在弹簧力的作用下释放复位，主触点 KM 断开，电动机停止转动。图 5.8(a)所示为点动控制电路接线图，这种画法不便画图和读图，通常采用规定的图形符号和文字符号把电路画成图 5.8(b)所示的原理图。原理图分成两部分，一部分由转换开关(或三相刀闸)QS、熔断器 FU、接触器的主动合触点 KM 和电动机 M 组成，这是电动机的工作电路，电流较大，称为主电路；另一部分由按钮 SB 和接触器线圈 KM 组成，它是控制主电路通或断的，电流较小，称为控制电路。控制电路通常与主电路共用一个电源，但也有另设电源的。在原理图中，同一电器的各个部件必须采用同一文字符号，如接触器的线圈和触点都用 KM 表示，对复杂的控制电路可把主电路与控制电路分开画，如龙门刨床，其控制电路非常复杂，为了便于对图样的晒图、读图、保管、携带，都采用把主电路和控制电路分开。

【参考动画】

5.2.2　起、停控制(自锁控制)

大多数生产机械需要连续工作，如水泵、通风机、机床等，如仍采用点动控制电路，则需要操作人员一直按着按钮来工作，这显然不符合生产实际的要求。为了使电动机在按下起动按钮后能保持连续运转，需用接触器的一对辅助动合触点与起动按钮并联，如图 5.9 所示。

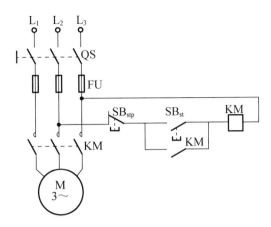

图 5.9　起、停控制电路

此时电路中有两个按钮：起动按钮 SB_{st}(绿色按钮帽)和停止按钮 SB_{stp}(红色按钮帽)。其操作过程如下：

1. 起动操作

合上开头 QS ⟶ 按下起动按钮 SB_{st} ⟶ 接触器线圈 KM 通电 ⟶ 接触器主动合触点闭合 ⟶ 电动机 M 运转
⟶ 接触器辅助动合触点闭合，SB_{st} 自锁

这时若松开起动按钮 SB_{st}，由于接触器的辅助动合触点已闭合，它给线圈 KM 提供了另外一条通路，因此松开起动按钮 SB_{st} 后线圈仍然保持通电，于是电动机便可连续运行。接触器用自己的辅助动合触点"锁住"自己的线圈电路，这种作用称为自锁。此时该触点称为自锁触点。

2. 停止操作

按下停止按钮 SB_{stp} ⟶ 接触器线圈失电 ⟶ 主动合触点断开 ⟶ 电动机 M 停止转动
⟶ 辅助动合触点断开，解除自锁

在图 5.9 所示电路中，开关 QS 作为隔离开关使用，当需要对电动机或电路进行检查、维修时，用它来隔离电源，确保操作人员安全。隔离开关一般不能用于带负载切断或接通电源。起动时应先合上开关 QS，再按起动按钮 SB_{st}；停止时则应先按下停止按钮 SB_{stp}，再断开开关 QS。

5.3　笼型异步电动机的正反转控制

【参考视频】

在生产机械中往往需要运动部件向正、反两个方向运动。如机床工作台的前进与后退，起重机的提升与下降等，都是由电动机的正、反转实现的。为了实现正反转，我们在学习三相异步电动机的工作原理时已经知道，只要将三相电源中的任意

两相对调，改变旋转磁场的方向，即可改变电动机的转向。为此，只要用两个交流接触器就能实现这一要求。

在图 5.10 中，KM_F 为正转接触器，KM_R 为反转接触器，SB_F 为正转起动按钮，SB_R 为反转起动按钮。正转接触器 KM_F 的三对主动合触点把电动机按相序 L_1—U_1、L_2—V_1、L_3—W_1 与电源相接；反转接触器 KM_R 的三对主动合触点把电动机按相序 L_1—W_1、L_2—V_1、L_3—U_1 与电源相接。显然在反转时，反转接触器 KM_R 把电源的 L_1 和 L_3 对调后加在电动机上。因此主电路能够实现正反转，但从主电路中可以看出，KM_F 和 KM_R 的主动合触点是不允许同时闭合的，否则会发生相间短路。因此正、反两个接触器只能有一个工作，这就是正反转控制电路的约束条件。怎样实现这一约束条件呢？接触器必须把自己的辅助动断触点串入对方的线圈电路中。当正转接触器 KM_F 线圈通电时，其辅助动断触点断开，切断 KM_R 线圈电路，即使按下反转起动按钮 SB_R，KM_R 线圈也不会通电。这两个接触器利用各自的辅助动断触点封锁对方的控制电路，称为接触器"互锁"的正反转控制电路。正反转控制电路加入互锁环节后，就能够避免两个接触器同时通电，从而防止了相间短路事故的发生。

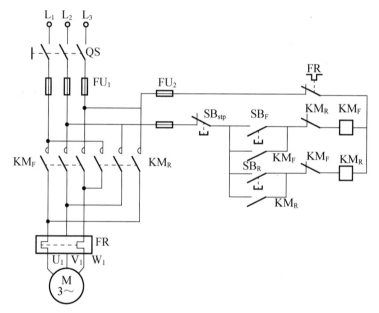

图 5.10　接触器互锁的正反转控制电路

上述电路中，正、反转之间的相互转换必须先按下停止按钮 SB_{stp}，如由正转到反转时，先按停止按钮 SB_{stp}，令 KM_F 失电，辅助动断触点 KM_F 闭合，然后按下反转起动按钮 SB_R，才能使 KM_R 通电，电动机反转。如果不按停止按钮 SB_{stp} 而直接按反转起动按钮 SB_R，将不起作用。反之，由反转改为正转也要先按下停止按钮 SB_{stp}。这种操作方式适用于功率较大的电动机及一些频繁正、反转的电动机。因为电动机如果由正转直接变为反转或由反转直接变为正转时，在换接瞬间，旋转磁场已经反向，而转子由于惯性仍按原方向旋转，转子导体与旋转磁场之间切割速度突然增大，感应电动势和感应电流随之增大，电磁转矩也突然增大，其方向又与旋转磁场方向相反，这时转差率接近于 2，不仅会引起很大的电流冲击，而且会造成相当大的机械冲击。如果频繁正、反转还会使热继电器动作，故对功率较大的电动机及一些频繁正、反转的电动机一般应先按停止按钮，待转速下降后再反转。

接触器互锁的正反转控制电路的操作过程如下：

1. 正转操作

2. 反转操作

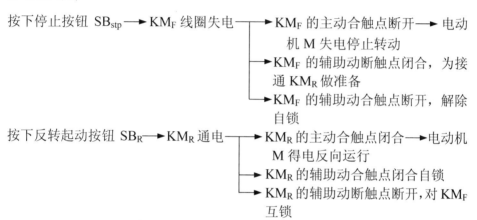

由以上分析可以看出，电动机正、反转之间都要操作停止按钮 SB_{stp}，对于功率较大的电动机是必要的，但是对一些功率较小的允许直接正、反转的电动机而言，就有些烦琐，为此可采用复式按钮互锁的控制电路，这种互锁方式是将接触器互锁和按钮互锁结合在一起，如图 5.11 所示。

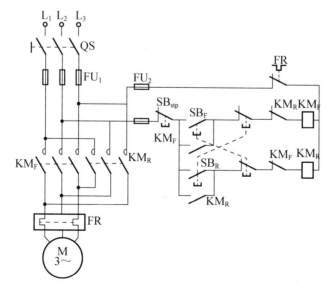

【参考视频】

图 5.11　复式按钮互锁的正反转控制电路

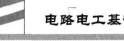

当电动机正转时，按下反转起动按钮 SB_R，它的动断触点断开，使正转接触器线圈 KM_F 失电；同时它的动合触点闭合，使反转接触器线圈 KM_R 通电，于是电动机由正转直接变为反转。同理当电动机反转时，按下起动按钮 SB_F 可以使电动机直接变为正转，操作快捷方便。

【参考视频】

5.4 行程控制

行程控制，就是当运动部件到达一定行程或位置时采用行程开关(又称限位开关)来进行控制，如吊钩上升到达终点时，要求自动停止，龙门刨床的工作台要求在一定的范围内自动往返等，这类控制称为行程控制。

5.4.1 行程开关

【参考动画】

行程开关又称限位开关，是利用机械部件的位移来切换电路的自动电器。行程开关的结构和工作原理都与按钮相似，只不过按钮用手按动，而行程开关用运动部件上的撞块(挡铁)来撞压。当撞块压着行程开关时，就像按下按钮一样，使其动断触点断开，动合触点闭合；而当撞块离开时，就如同手松开了按钮，靠弹簧的作用使触点复位。行程开关有直线式、单滚轮式、双滚轮式等，如图 5.12 所示，其中双滚轮式行程开关无复位弹簧，不能自动复位，需要两个方向的撞块来回撞压，才能复位。

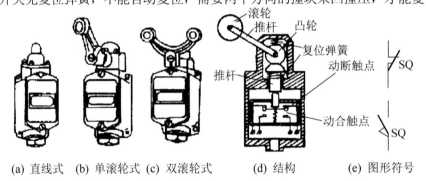

(a) 直线式　(b) 单滚轮式　(c) 双滚轮式　　(d) 结构　　　(e) 图形符号

图 5.12　行程开关

5.4.2 自动往复行程控制

【参考视频】

某些生产机械如万能铣床要求工作台在一定范围内能自动往复运动，以便对工件连续加工。为了实现这种自动往复行程控制，电动机的正、反转是实现工作台自动往复循环的基本环节。控制线路按照行程控制原则，利用生产机械运动的行程位置实现控制，通常采用限位开关。可将行程开关 SQ_F 和 SQ_R 装在机床床身的左右两侧，将撞块装在工作台上，随工作台一起运动，自动循环控制线路如图 5.13 所示。

当电动机正转带动工作台向右运动到极限位置时，撞块 a 撞到行程开关 SQ_F，一方面使其动断触点断开，使电动机先停止转动，另一方面也使其动合触点闭合，相当于自动按下了反转起动按钮 SB_R，使电动机反转带动工作台向左运动。这时撞块 a 离开行程开关 SQ_F，其触点自动复位，由于接触器 KM_R 自锁，故电动机继续带动工作台向左运动，当移动到左极限位置时，撞块 b 撞到行程开关 SQ_R，一方面使其动断触点断开，使电动机先停止转动，另一方面其动合触点又闭合，相当于按下正转起动按钮 SB_F，使电动机正转带动工作台向右运动，如此往复不已，直到按下停止按钮 SB_{stp}，电动机才会停止转动。

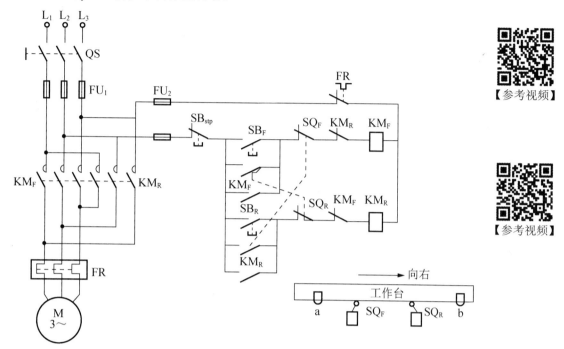

图 5.13　自动往返行程控制电路

【参考视频】

5.5　时间控制

时间控制就是利用时间继电器进行延时控制。在生产中经常需要按一定的时间间隔来对生产机械进行控制，如电动机的降压起动需要一定的延时时间，然后才能加上额定电压；在一条生产线中的多台电动机，需要分批起动，在第一批电动机起动后，需经过一定延时时间，才能起动第二批电动机。这类控制称为时间控制。

5.5.1　时间继电器

时间继电器是按照所整定时间间隔的长短来切换电路的自动电器。它的种类很多，常用的有空气式、电子式等。空气式时间继电器的延时范围大，有 0.4～60s 和【参考视频】0.4～180s 两种，结构简单，但准确度较差。如图 5.14 所示为 JS7-A 型空气式时间继电器，它是利用空气的阻尼作用而获得动作延时的。

当线圈通电时，动铁心被吸下，使铁心与活塞杆之间有一段距离，在释放弹簧的作用下，活塞杆就向下移动。由于在活塞上固定有一层橡皮膜，因此当活塞向下移动时，橡皮膜上方空气变稀薄，压力减小，而下方的压力加大，限制了活塞杆下移的速度。只有当空气从进气孔进入时，活塞杆才能继续下移，直至压下杠杆，使微动开关动作。可是，从线圈通电开始到触点(微动开关)动作需经过一段时间，此即时间继电器的延时时间。旋转调节螺钉，改变进气孔的大小，就可以调节延时时间的长短。线圈断电后复位弹簧使橡皮膜上升，空气从单向排气孔迅速排出，不产生延时作用。这类时间继电器称为通电延时式继电器。它有两对通电延时触点，一对是动合触点，一对是动断触点，此外还装设一个具有两对瞬时动作触点的微动开关。该空气式时间继电器经过适当改装后，可成为断电延时式继电器，即通电时它的触点瞬时动作，而断电时要经过一段时间它的触点才复位。时间继电器的符号如图5.15所示。

【参考动画】

【参考动画】

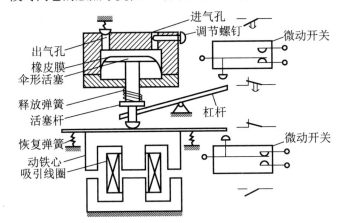

图 5.14　JS7-A 型空气式时间继电器

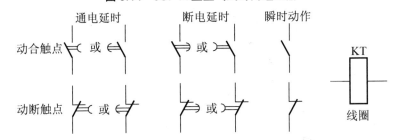

图 5.15　时间继电器的线圈及触点符号

【参考视频】

5.5.2　笼型异步电动机的 丫-△ 换接起动控制

对于正常运行时为△联结的电动机，可在起动时接成丫形，以减小起动电流，待转速上升后再换接成△形，投入正常运行。其控制电路如图5.16所示，图中KM、KM_Y、$KM_\triangle$ 是交流接触器，KT 是时间继电器。其操作过程如下：

起动时：合上开关 QS → 按下起动按钮 SB_{st} → KM 线圈通电 → 动合触点闭合
辅助动合触点
闭合自锁

→ KM_Y 主动合触点闭合

→ 电动机 M 接成丫形起动运行

→ 辅助动断触点断开，对 $KM_\triangle$
互锁

→ KT 线圈通电 → 动合，动断
触点延时动作 →

延时结束 → 动断触点断开 → KM$_Y$线圈失电 → 辅助动断触点闭合，为 KM$_\triangle$通电做准备

动合触点闭合 → KM$_\triangle$线圈通电 → 电动机 M 接成△形运行
→ 辅助动合触点闭合自锁
→ 辅助动断触点断开对 KM$_Y$互锁

　　停止时：按下停止按钮 SB$_{stp}$，使 KM 和 KM$_\triangle$线圈失电，主动合触点断开，电动机 M 失电停止转动。在丫-△起动中，KM$_Y$和 KM$_\triangle$也要有一定的约束条件，读者可自行分析。

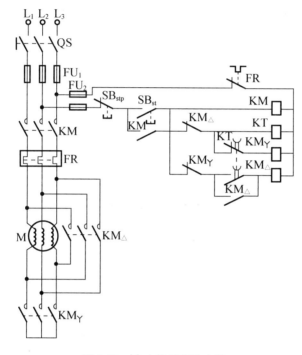

图 5.16　丫-△换接起动电路

5.6　速　度　控　制

　　某些电动机的控制电路需要速度接通或断开某些控制电路，如三相异步电动机的反接制动，这就需要采用速度继电器来实现延时控制。

5.6.1　速度继电器

　　速度继电器是利用转轴的一定转速来切换电路的自动电器，如图 5.17 所示，它的工作原理与鼠笼式异步电动机相似。转子是一块永久磁铁，与电动机或机械转轴连在一起，随轴一起转动。它的外边有一个可转动一定角度的外环，有鼠笼形绕组。当转轴带动永久磁铁旋转时，定子外环中的鼠笼形转子绕组因切割磁力线而产生感应电动势和电流，该电流在转子磁场的作用下产生电磁力和电磁转矩，使定子外环

【参考动画】

随转子转动一个角度。如果永久磁铁逆时针方向转动，则定子外环带动摆杆靠向右边，使右边的动断触点断开，动合触点闭合；当永久磁铁顺时针方向旋转时，使左边的触点动作，当电动机转速较低时(一般低于 100r/min)，触点复位。

【参考动画】

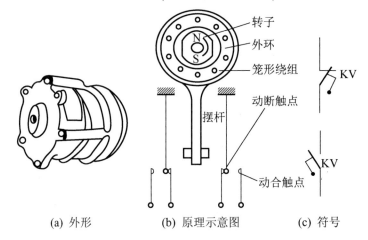

(a) 外形   (b) 原理示意图   (c) 符号

图 5.17   速度继电器

【参考动画】

5.6.2   笼型异步电动机反接制动控制电路

如图 5.18 所示为鼠笼式异步电动机单向直接起动反接制动控制电路。反接制动中，为了减小制动电流，在 KM_R 主动合触点电路中串入对称电阻 R(相等的电阻)。

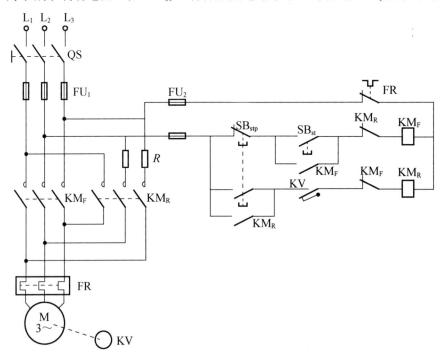

图 5.18   鼠笼式异步电动机单向直接起动反接制动控制电路

具体操作过程如下：

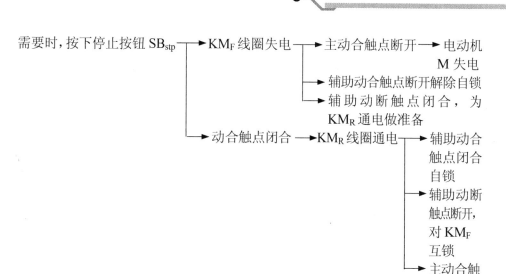

需要时，按下停止按钮 SB_{stp} → KM_F 线圈失电 → 主动合触点断开 → 电动机 M 失电
→ 辅助动合触点断开解除自锁
→ 辅助动断触点闭合，为 KM_R 通电做准备
→ 动合触点闭合 → KM_R 线圈通电 → 辅助动合触点闭合自锁
→ 辅助动断触点断开，对 KM_F 互锁
→ 主动合触

点闭合，电源改变相序后加在电动机 M 上开始制动 → 当转速低于 100 r/min 时 → KV 断开 → KM_R 线圈失电 → 电动机 M 停止转动。

5.7　联 锁 控 制

【参考视频】

在多台电动机相互配合完成一定的工作时，这些电动机之间必须有一些约束关系，这些关系在控制电路中称为"联锁"。电动机的联锁一般由接触器的辅助触点在控制电路中的串联或并联来实现，它们是保证生产机械或自动生产线工作可靠的重要措施。下面以两台电动机为例介绍几种常见的联锁方法。

5.7.1　按顺序起动

【参考视频】

很多机床在主轴电动机工作之前，必须先起动油泵电动机，使机械系统能充分润滑，才能起动主轴电动机。如图 5.19 所示，M_1 为油泵电动机，应先起动，由接触器 KM_1 控制；M_2 为主轴电动机，应后起动，由接触器 KM_2 控制。

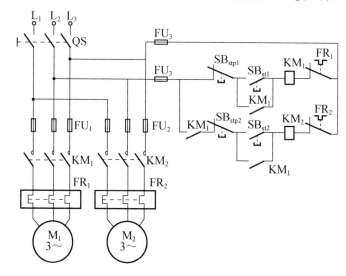

图 5.19　两台电动机按顺序起动的电路

具体操作过程如下：

起动时：按下起动按钮 SB_{st1} → KM_1 线圈通电 → 主动合触点闭合 → 电动
机 M_1 起动运行
→ 辅助动合触点闭合自锁
→ 辅助动合触点闭合,为 KM_2
线圈通电做准备

按下起动按钮 SB_{st2} → KM_2 线圈通电 → 主动合触点闭合 → 电动机 M_2 起
动运行
→ 辅助动合触点闭合自锁

停止时：如果按下停止按钮 SB_{stp1}，则 KM_1 线圈失电，其辅助动合触点断开，使 KM_2 线圈也失电，故电动机 M_1、M_2 同时停止转动。如果按下停止按钮 SB_{stp2}，则 KM_2 线圈失电，电动机 M_2 单独停止转动。如果先按下起动按钮 SB_{st2}，KM_2 线圈不会通电，因此实现了电动机 M_1 先起动，电动机 M_2 才能起动，同时停止的要求。实现这种控制方法是把 KM_1 的辅助动断触点与 KM_2 的起动(停止)按钮相串联。

5.7.2 按顺序停止

机床主轴工作时，油泵电动机是不允许停止的，只有当主轴电动机停止后，油泵电动机才能停止，即两台电动机的停止要有先后顺序。图 5.20 所示为两台电动机同时起动，按顺序先后停转的控制电路(主电路与图 5.19 相同)，图中 M_1 为主轴电动机，M_2 为油泵电动机。

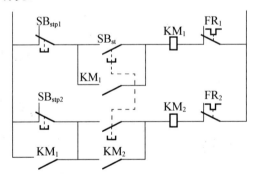

图 5.20 两台电动机按顺序停止的控制电路

具体操作过程如下：

起动时：按下复式按钮 SB_{st} → KM_1 线圈通电 → 主动合触点闭合 → 电动机
M_1 起动运行
→ 辅助动合触点闭合自锁
→ KM_2 线圈通电 → 主动合触点闭合电动机 M_2
起动运行
→ 辅助动合触点闭合自锁

停止时：先按下停止按钮 SB_{stp1}，切断 KM_1，使电动机 M_1 先停止运行，然后

按下停止按钮 SB_{stp2}，切断 KM_2，使电动机 M_2 停止运行。如果先按下停止按钮 SB_{stp2}，由于与其并联的 KM_1 动合触点闭合，则不能使 KM_2 断电，所以无法使电动机 M_2 停止运行。实现这种联锁控制方法是把 KM_1 的辅助动合触点并联在电动机 M_2 的停止按钮 SB_{stp2} 的两端。

5.8　电气原理图的阅读

电路图习惯上称电气原理图，是根据电路工作原理绘制的，可用于分析系统的组成和工作原理，并可为寻找故障提供帮助，同时也是编制接线图的依据。

1. 读图的方法与步骤

阅读继电接触器控制原理图时，要掌握以下几点：

(1) 分清主电路和控制电路，此外还有信号电路、照明电路等。

(2) 电气原理图中，同一电器的不同部件，通常不画在一起，而是画在电路的不同地方，同一电器的不同部件都用相同的文字符号标明，如接触器的主动合触点通常画在主电路中，而线圈和辅助触点通常画在控制电路中，但它们都用 KM 表示。

(3) 全部触点都按常态给出。对接触器和各种继电器而言，常态是指其线圈未通电时的状态。

在阅读电气原理图之前，必须对控制对象有所了解，尤其要了解机械、液压(或气动)、电气配合得比较密切的生产机械的动作过程，单凭电气原理图往往不能完全看懂其控制原理。

阅读电气原理图的步骤，一般先看主电路，再看控制电路，最后看显示及照明等辅助电路。看主电路有几台电动机，各有什么特点，如是否有正反转，常用什么起动方法，有无调速和制动等；看控制电路时，一般从主电路接触器入手，按动作的先后顺序自上而下一个一个进行分析，搞清它们的动作条件和作用。控制电路一般都由一些基本环节组成，阅读时可把它们分解出来，便于分析。此外还要看电路中有哪些保护环节。

2. 读图实例

1) C620-1 型普通车床电气原理图

图 5.21 所示为 C620-1 型普通车床的电气原理图，由主电路、控制电路和照明电路三部分组成。

(1) 阅读主电路。从主电路看 C620-1 型普通车床有两台电动机，即主轴电动机 M_1 和冷却泵电动机 M_2，它们都由接触器 KM 直接控制起、停，同时工作，同时停止。如果不需要冷却泵工作时，则可用开关 QS_2 将电源断开。

电动机采用 380V 交流电源，由电源开关 QS_1 引入，主轴电动机 M_1 用熔断器 FU_1 作短路保护，由热继电器 FR_1 作过载保护，冷却泵电动机 M_2 由熔断器 FU_2 作短路保护，由热继电器 FR_2 作过载保护。M_1、M_2 两台电动机的失电压和欠电压保护都由接触器 KM 来完成。

(2) 阅读控制电路。两个热继电器 FR_1 和 FR_2 的动断触点串接在控制电路中，无论主轴电动机或冷却泵电动发生过载，都会切断控制电路，使两台电动机同时停止运行。FU_3 是控制电路的熔断器。

(3) 阅读照明电路。照明电路由变压器 T 将 380 V 电压变为 36 V 安全照明电压供照明灯 EL 使用。QS_3 是照明电路的电源开关，S 是照明灯的开关。FU_4 是照明灯电路的熔断器。

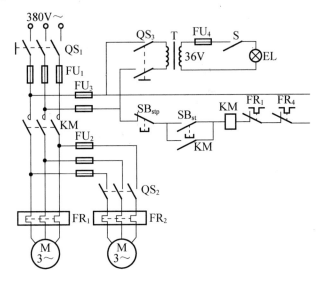

图 5.21 C620—1 型普通车床电气原理图

2) 抽水机的电气原理图

图 5.22 所示为抽水机电气原理图，由主电路和控制电路两部分组成。

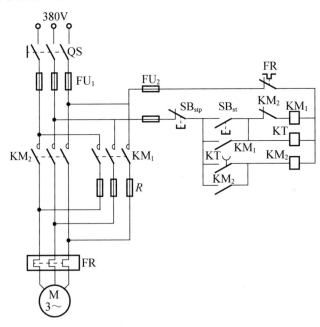

图 5.22 抽水机的电气原理图

(1) 阅读主电路。主电路有一台电动机 M，它是拖动水泵的电动机，由接触器 KM_1、KM_2 的主动合触点控制。KM_1 为起动接触器，由于该电动机容量较大，故采用串电阻降压起动，KM_1 闭合时，串入对称电阻以限制起动电流，KM_2 为运行接触器，KM_2 闭合时，电动机与电源直接接通。至于 KM_1 和 KM_2 的动作顺序应看控制电路。电动机和控制电路的短路保护分别由熔断器 FU_1 和 FU_2 完成，电动机过载保护由热继电器 FR 完成，失电压和欠电压保护由接触器完成。

(2) 阅读控制电路。控制电路有接触器 KM_1、KM_2 和时间继电器 KT 三条回路。接触器 KM_1 和时间继电器 KT 由按钮 SB_{st} 控制，接触器 KM_2 则由时间继电器 KT 延时闭合的动合触点控制。

具体操作过程如下：

起动时：合上开关 QS ——→ 按下起动按钮 SB_{st} ——→

KM_1 线圈通电 ——→ 主动合触点闭合 ——→ 电动机 M 串入电阻 R 起动

　　　　　　　 ——→ 辅助动合触点闭合自锁 ——→ KT 线圈通电(开始延时) ——→ 延时结束 ——→ KT 动合触点闭合 ——→

KM_2 线圈通电 ——→ 主动合触点闭合 ——→ R 被短路(切除)

　　　　　　　　　　　　　　　　 ——→ 电动机 M 运行

　　　　　　 ——→ KM_2 辅助动合触点闭合自锁

　　　　　　 ——→ KM_2 辅助动断触点断开 ——→ KM_1、KT 线圈失电

停止时：按下停止按钮 SB_{stp} ——→ KM_2 线圈失电 ——→ 主动合触点断开，电动机停止运行

　　　　　　　　　　　　　　　　　　　　　 ——→ 辅助动合触点断开，解除自锁

　　　　　　　　　　　　　　　　　　　　　 ——→ 辅助动断触点断开，为下次起动做准备

通过以上分析可知，水泵电动机先是 KM_1 线圈通电，电动机串入电阻 R 起动，这时 R 上有一定的电压降，使加在电动机定子绕组上的电压降低，从而减少了起动电流。经过一定时间的延时后，KM_2 线圈通电，再将电动机直接与电源接通，使电动机在额定电压下正常运行。电动机进入正常运行状态后，KM_1、KT 将不再起作用，故将其断电以节约电能。这是一种简单的降压起动方法，其缺点是起动时电阻 R 上要消耗一定的电能，常用于不频繁起动的场合。

习　　题

一、填空题

1. 熔断器在电路中起＿＿＿＿＿＿保护作用，热继电器在电路中起＿＿＿＿＿＿保护作用，接触器具有＿＿＿＿＿＿保护和＿＿＿＿＿＿保护作用。这三种保护功能均有的电器是＿＿＿＿＿＿。

2. 笼型异步电动机采用＿＿＿＿＿＿换接起动，其中起动时采用＿＿＿＿＿＿接法，达到额定转速后采用＿＿＿＿＿＿接法，换接是通过＿＿＿＿＿＿实现的。

3．行程开关的文字符号是_____，主要用在_____控制中；时间继电器的文字符号是_____，主要用在_____控制中；速度继电器的文字符号是_____，主要用在_____控制中。

4．自锁是利用接触器_____触点，联锁是利用接触器_____触点；自锁_____联在电路中，联锁_____联在电路中。

5．笼型异步电动机的制动采用_____制动控制，其原理是利用改变输入电流的_____。

二、判断题

（　　）1．只要电路发生过载，热继电器就要工作断开电路。

（　　）2．时间继电器的触点都是延时动作的。

（　　）3．电动机在任何情况下都可以采用换接起动控制。

（　　）4．由于短路时电流也很大，热继电器会工作，因此没必要安装熔断器。

（　　）5．三相异步电动机空载起动电流小，满载起动电流大。

三、选择题

1．图 5.23 所示控制电路中，在接通电源后将出现的现象是（　　）。

    A．按一下按钮 SB_2，接触器 KM 自锁

    B．接触器线圈交替通、断电

    C．按一下按钮 SB_2，接触器 KM 不吸合

    D．以上皆错

2．图 5.24 所示控制电路的作用是（　　）。

    A．按一下按钮 SB_1，KM 通电并连续运行

    B．按一下按钮 SB_2，KM 通电并连续运行

    C．按住按钮 SB_1，KM 通电，松开按钮 SB_1，KM 断电

    D．以上皆错

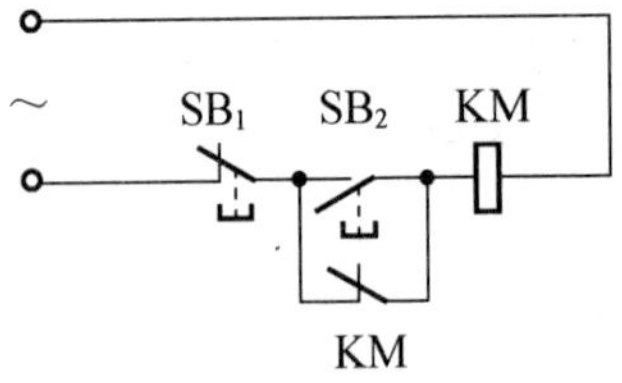

图 5.23　选择题 1 题图 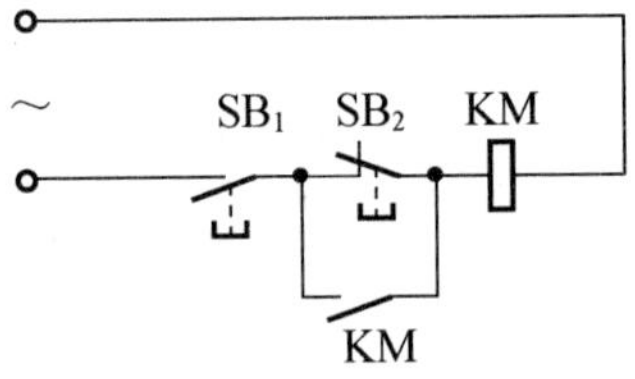　　　　图 5.24　选择题 2 题图

3．在图 5.25 所示电路中，SB 是按钮，KM 是接触器，KM_1 控制电动机 M_1，KM_2 控制电动机 M_2，能单独运行的电动机是（　　）。

    A．M_1　　　　　　　　　　B．M_2

    C．两者都可以　　　　　　　D．两者都不可以

4．在图 5.26 所示的控制电路中，按下按钮 SB_2，则（　　）。

    A．KM_1、KT 和 KM_2 同时通电，按下按钮 SB_1 后经过一定时间 KM_2 断电

    B．KM_1、KT 和 KM_2 同时通电，经过一定时间后 KM_2 断电

C．KM_1 和 KT 同时通电，经过一定时间后 KM_2 通电

D．KM_1、KT 和 KM_2 同时通电，按下 SB_1 后经过一定时间 KM_2 通电

5．在机床电力拖动中要求油泵电动机起动后主轴电动机才能起动。若用接触器 KM_1 控制油泵电动机，KM_2 控制主轴电动机，则在此控制电路中必须(　　)。

　　A．将 KM_1 的动断触点串入 KM_2 的线圈电路中

　　B．将 KM_2 的动合触点串入 KM_1 的线圈电路中

　　C．将 KM_1 的动合触点串入 KM_2 的线圈电路中

　　D．将 KM_2 的动断触点串入 KM_1 的线圈电路中

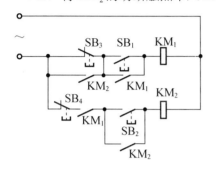

图 5.25　选择题 3 题图

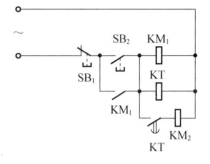

图 5.26　选择题 4 题图

四、应用题

1．图 5.27 所示为两台异步电动机的直接起动控制电路，试说明其控制功能。

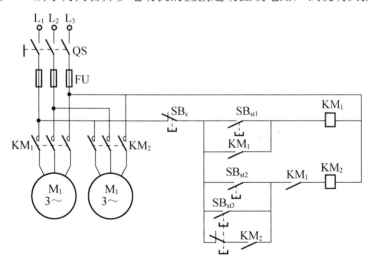

图 5.27　应用题 1 题图

2．某生产机械由两台鼠笼式异步电动机 M_1、M_2 拖动，要求 M_1 起动后 M_2 才能起动，M_2 停止后 M_1 才能停止。分析图 5.28 所给设计，图中有无错误？应如何改正？

3．说明如图 5.29 所示的制动电磁铁(抱闸)电路的工作原理。

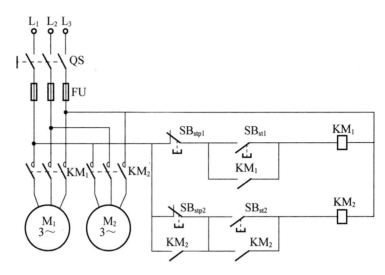

图 5.28　应用题 2 题图

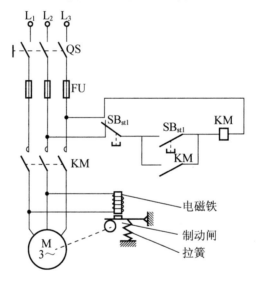

图 5.29　应用题 3 题图

【参考图文】

4. 试设计电动机控制运料小车在 A、B 两地自动往返循环运行的继电接触器控制电路，并说明其控制原理及动作顺序。控制电路应满足以下要求：

(1) 小车起动后，前进到 A 地。继而做以下往复运动：到 A 地后停 2min 等待装料，再自动走向 B 地；到 B 地后停 2min 等待卸料，然后自动走向 A 地。

(2) 有过载和短路保护。

(3) 小车可停在任意位置。

第 6 章

工厂供电与安全用电

↘ **教学目标**

(1) 了解电力系统的组成。

(2) 熟悉安全用电的基本设置要求。

(3) 掌握工厂供电相关的基本定义及概念。

电能是一种绿色能源，是现代工业的主要动力。本章简要介绍电力系统的组成、工厂配电系统的常见形式及安全用电的基本知识。

6.1 发电、输电概述

6.1.1 电能的产生

随着我国经济的飞速发展和人们生活质量的不断提高，作为绿色能源的电能越来越成为现代人们生产和生活中的重要能量。电能具有清洁、无噪声、无污染、易转化(如转化成光能、热能、机械能等)、易传输、易分配、易调节和测试等优点，因而在工矿企业、交通运输、国防科技和人们生活诸方面得到广泛的应用。电能是二次能源，是通过其他形式的能量转化而来的，如水位能、热能、风能、核能、太阳能等。电能主要是通过发电厂来生产的，通过电力网来传输与分配的。因此，电力工业是国民经济发展中重要的基础能源产业，是社会主义现代化建设的基础。

6.1.2 电力系统的组成

电能的生产、传输与分配是通过电力系统实现的。发电厂的发电机发出的电能，经过升压变压器升压后，通过输电线路传输，送到降压变电所，经降压变压器降压后，再经配电线路送到用户端，用户利用用户变压器降压至所需电压等级进行供电，从而完成了一个发电、输电、配电、用电的全过程。连接发电厂和用户之间的环节称为电力网。发电厂、电力网和用户组成的统一整体称为电力系统，如图 6.1 所示。下面对电力系统各组成部分进行简要介绍。

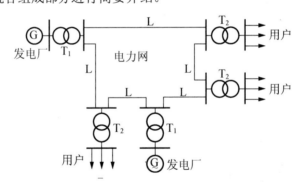

图 6.1 电力系统示意图

T_1—升压变压器; T_2—降压变压器; L—输电线路

1. 发电厂

发电厂是用来发电的，是电能生产的主要场所，在电力系统中处于核心地位。根据转化电能的一次能源不同，发电厂可分为火力发电厂(一次能源为煤、油、天然气)、水力发电厂(一次能源为水势能)、核电厂(一次能源为核能)、地热发电厂(一次能源为地热)、风力发电厂(一次能源为风能)、太阳能发电厂(一次能源为太阳能)等。

由于我国的煤矿资源和水力资源丰富，因此，火力发电和水力发电占据了我国电力生产的主导地位。但随着核电的开发，核电的比例也在逐渐提高。由于核电厂消耗的一次能源"浓缩铀"较火电厂消耗的煤数量和成本要少得多(在产生相同的电能前提下)，因此，发展核电对人类有着很重要的意义。

2. 电力网

电力网是发电厂和用户之间的联系环节，一般由变电所和输电线路构成。

变电所是接受电能、变换电压和分配电能的场所，一般可分为升压变电所和降压变电所两大类。升压变电所是将低电压变换为高电压，一般建在发电厂；降压变电所是将高压变换为一个合理、规范的低电压，一般建在靠近负荷中心的地点。

输电线路是电力系统中实施电能远距离传输的环节。它一般由架空线路及电缆线路组成。架空线路主要由导线、避雷线、绝缘子、杆塔和拉线、杆塔基础及接地装置构成，如图 6.2 所示。电缆线路则较为简单，一般采用直埋方式将电缆埋在地下或采用沟道内敷设方式。架空线路由于其结构简单、施工简便、建设速度快、检修方便、成本低等优点被广泛应用于电力系统，成为我国电力网的主要输电方式。而电缆线路由于电缆价格昂贵、成本高、检修不便等因素而用于不便架设架空线路的场合，如大城市中心、过江、跨海及污染严重的地区等。

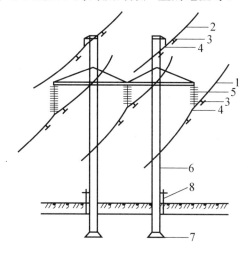

图 6.2　架空线路的组成组件

1—导线；2—避雷线；3—防振锤；4—线夹；5—绝缘子；
6—杆塔；7—基础；8—接地装置

一般为了提高电力系统的稳定性，保证用户的供电质量和供电可靠性，通过电力网把多个发电厂、变电所联合起来，构成一个大容量的电力网进行供电。目前，我国有华东、华中、华北、南方、东北和西北六大电力网。

电力网按其功能可分为输电网和配电网。由 35kV 及以上输电线路和变电所组成的电力网称为输电网。它的作用是将电能输送到各个地区的配电网或直接送到大型工矿企业，是电力网中的主要部分。由 10kV 及以下的配电线路和配电变电所组成的电力网称为配电网。它的作用是将电力分配给各用户。

电力网按其结构形式又可分为开式电力网和闭式电力网。用户从单方向得到电能的电力网称为开式电力网，其主要由配电网构成。用户从两个及两个以上方向得到电能的电力网称为闭式电力网，主要由输电网组成或由输电网和配电网共同组成。

3. 用户

用户是指电力系统中的用电负荷。电能的生产和传输最终是为了供用户使用。对于不同的用户，其对供电可靠性的要求也不一样。根据用户负荷的重要程度，把用户分为以下三个等级。

1) 一级负荷

一级负荷一旦中断供电，将造成人身事故，重大电气设备严重损坏，群众生活发生混乱，使生产、生活秩序较长时间才能恢复。

2) 二级负荷

二级负荷一旦中断供电，将造成主要电气设备损坏，影响产量，造成较大经济损失和影响群众生活秩序等。

3) 三级负荷

一级、二级负荷以外的其他负荷称为三级负荷。

在这三类负荷中，对于一级负荷，应最少由两个独立电源供电，其中一个电源为备用电源。对于二级负荷，一般由两个回路供电，两个回路电源线应尽量引自不同的变压器或两段母线。对于三级负荷，则无特殊要求，采用单电源供电即可。

6.2 工厂供电

提高产品质量，增强产品竞争能力，取得良好经济效益是每个工矿企业的首要任务。在自动化程度日益提高的形势下，工厂对供电的可靠性及电能质量的要求也越来越高。为了保证工厂生产和生活用电的需要，并有效节约能源，工厂供电必须做到安全、可靠、优质、经济。这就需要有合理的工厂配电系统。

工厂配电系统的形式是多种多样的。其基本接线方式有三种：放射式、树干式和环式。各工厂配电网具体采用哪种接线方式，需要根据工厂负荷对供电可靠性的要求、投资的大小、运行维护方便及长远规划等原则来分析确定。下面以常见的双回路放射式工厂配电系统来说明工厂配电的结构，如图 6.3 所示。

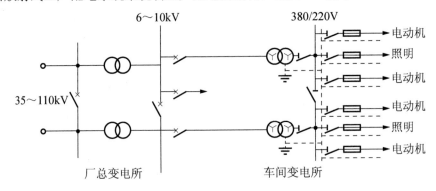

图 6.3 工厂配电系统示意图

工厂总变电所从地区 35～110kV 电网引入电源进线，经厂总变压器降压至 6～10kV，然后通过高压配电线路送给车间变电所(或高压用电设备)，经车间变电所变压器两次降压至 380V/220V 后，经低压配电线路，送给车间负荷，或经低压配电箱分配送给车间负荷，如电动机、照明灯等。在低压配电系统中，一般采用三相四线制接线方式。

　　工厂变电所地址的选择直接影响到供电系统的造价和运行。选择时，应尽量靠近负荷中心，并考虑进出线方便，减少污染，交通方便，远离易燃易爆场所，不妨碍工厂或车间的发展等因素。

6.3 安 全 用 电

6.3.1　安全用电的意义

　　随着电气化的发展，在生产和生活中大量使用了电气设备和家用电器，给人们的生产和生活带来很大的便益。但在使用电能的过程中，如果不注意用电安全，可能造成人身触电伤亡事故或电气设备的损坏，甚至影响电力系统的安全运行，造成大面积的停电事故，使国家财产遭受损失，给生产和生活造成很大的影响。因此，在使用电能的同时，必须注意安全用电，以保证人身、设备、电力系统三方面的安全，防止事故的发生。

6.3.2　安全用电的措施

　　"安全第一，预防为主"是安全用电的基本方针。为了使电气设备能正常运行，人身不致遭受伤害，必须采取各种安全措施。通常从以下几个方面着手。

　　(1) 建立健全各种安全操作规程和安全管理制度，宣传和普及安全用电的基本知识。

　　(2) 电气设备采用保护接地和保护接零。电气设备的保护接地和保护接零是为了防止人体触及绝缘损坏的电气设备所引起的触电事故而采取的有效措施。二者的保护原理和使用范围如下：

　　① 保护接地。将电气设备的金属外壳或构架与接地装置良好连接，这种保护方式称为保护接地，如图 6.4 所示。当电气设备的绝缘损坏使设备的金属外壳带电时，若此时人体接触到金属外壳，接地短路电流 I_D 就通过人体流入到地，与三相导线对地分布电容构成回路，危及人身安全。当采用了保护接地后，若人体接触到外壳，人体就与接地装置的接地电阻 r_D 并联，共同流过短路电流 I_D。只要接地电阻 r_D 足够小(一般为 4Ω 以下)，流过人体的电流就小，从而对人体不会产生伤害。

　　保护接地适用于中性点不接地的低压电网。在不接地电网中，由于单相接地电流较小，利用保护接地可使人体避免发生触电事故。但在中性点接地电网中，由于单相对地电流较大，保护接地就不能完全避免人体触电的危险，而要采用保护接零。

　　② 保护接零。将电气设备的金属外壳或构架与电网的零线相连接，这种保护方式称为保护接零，如图 6.5 所示。当电气设备电线一相碰壳时，该相就通过金属

外壳对零线发生单相对地短路，短路电流能促使线路上的保护装置迅速动作，切除故障部分的电流，消除人体触及外壳时的触电危险。

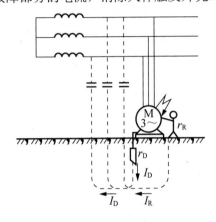

图 6.4　保护接地和短路电流

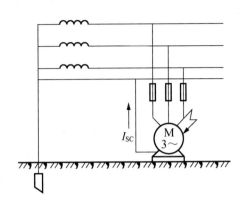

图 6.5　保护接零

保护接零适用于电压为 380V/220V 中性点直接接地的三相四线制系统。在这种系统中，凡是由于绝缘破坏或其他原因可能出现危险电压的金属部分，除有另行规定外，均应采取接零保护。

(3) 安装漏电保护装置。漏电保护装置的作用主要是防止由电气设备漏电引起的触电事故和单相触电事故。

(4) 对于一些特殊电气设备(如机床局部照明、携带式照明灯等)及在潮湿场所、矿井等危险环境，必须采用安全电压(36V、24V 和 12V)供电。

此外，防雷和防电气火灾也是安全用电的重要内容之一，下面进行简要叙述。

大气中带电的云(即雷云)对地放电的现象称为雷。雷云放电产生的冲击电压，其幅值可高达数十万伏至数百万伏。如此高的电压，如果侵入电力系统，将可能损坏电气设备的绝缘，引起火灾、爆炸，甚至会窜入低压电路，造成严重后果。因此，必须防雷。雷电的危害作用主要有三种形式：直击雷、感应雷和雷电侵入波。常见的防雷措施有安装避雷针、避雷线、避雷网、避雷器、保护间隙和设备外壳可靠接地等。

电气火灾是指由电气设备的绝缘材料的温度升高或遇到明火而燃烧，并引起周围可燃物的燃烧或爆炸所形成的火灾，这是一种火势凶猛，蔓延迅速的火灾。若不及时扑灭，不仅会造成人身伤害和设备损坏，而且会给国家财产造成重大损失。因此预防电气火灾十分必要。造成电气火灾的原因除电气设备安装不良、选择不当等设计和施工方面的原因外，运行中的短路(引起温升最快最高)、过负荷及接触电阻过大都会引起电气设备温度升高，导致火灾。预防电气火灾，必须采取综合性的措施，如合理选用电气设备，保证设备的正常运行，装设短路、过负荷保护装置，采用耐火设施和保持通风良好，加强日常电气设备维护、监视和定期检修等。

6.3.3　触电急救

触电的现场急救是抢救触电者的关键。当发现有人触电时，现场人员必须当机立断，用最快的速度，以正确的方法，使触电者脱离电源，然后根据触电者的临床表现，立即进行现场救护。如果触电者呼吸停止，心脏也不跳动，但无明显的致命外伤，只能认为是假死，必须立即进行救护，分秒必争，使一些触电假死者获救。正确的触电急救方法如下。

1. 迅速脱离电源

触电急救，首先要使触电者迅速脱离电源，越快越好。因为电流作用时间越长，伤害就越严重。在脱离电源的过程中，救护人员既要救人，又要注意保护自己。使触电者脱离电源有以下几种方法，可根据具体情况选择采用。

(1) 脱离低压电源的方法。

① 迅速切断电源，如拉开电源开关或刀闸开关。但应当注意，普通拉线开关只能切断一相电源线，不一定切断的是相线，所以不能认为已切断了电源线。

② 如果电源开关或刀闸开关距触电者较远，则可用带有绝缘柄的电工钳或有干燥木柄的斧头、铁锹等将电源线切断。

③ 如果触电者由于肌肉痉挛，手指握紧导线不放松或导线缠绕在其身上，可首先用干燥的木板塞进触电者的身下，使其与地绝缘来隔断电源，然后采取其他办法切断电源。

④ 如果导线搭落在触电者身上或被其压在身下，可用干燥的木棒、竹竿挑开导线或用干燥的绝缘绳索套拉导线或触电者，使其脱离电源。

⑤ 救护者可一只手戴上绝缘手套或站在干燥的木板、木桌椅等绝缘物上，将触电者拉脱电源。

(2) 脱离高压电源的方法。

① 立即通知有关部门停电。

② 戴上绝缘手套，穿上绝缘靴，拉开高压断路器或用相应电压等级的绝缘工具拉开高压跌落式熔断器。

③ 抛掷裸金属软导线，造成线路短路，迫使保护装置动作，切断电源。

(3) 触电者脱离电源时的注意事项。

① 救护人员不得使用金属或其他潮湿的物品作为救护工具。

② 未采取任何绝缘措施，救护人员不得直接与触电者的皮肤和潮湿衣服接触。

③ 防止触电者脱离电源后可能出现的摔伤事故。

2. 现场救护

触电者脱离电源后，应立即就近移至干燥通风的场所，进行现场救护。同时，通知医务人员到现场并做好送往医院的准备工作。现场救护可按以下方法进行处理。

(1) 触电者所受伤害不太严重，神志清醒，只是有些心慌、四肢发麻，全身无力或一度昏迷，但未失去知觉。此时，应使触电者静卧休息，不要走动。同时严密观察，请医生前来或送医院诊治。

(2) 触电者失去知觉，但呼吸和心跳正常。此时，应使触电者舒适平卧，四周不要围人，保持空气流通，可解开其衣服以利呼吸，同时请医生前来或送医院诊治。

(3) 触电者失去知觉，并且呼吸和心跳均不正常。此时，应迅速对触电者进行人工呼吸或胸外心脏按压，帮助其恢复呼吸功能，并请医生前来或送医院诊治。

(4) 触电者呈假死症状，若呼吸停止，应立即进行人工呼吸；若心脏停止跳动，应立即进行胸外心脏按压；若呼吸和心跳均已停止，应立即进行人工呼吸和胸外心脏按压。现场救护工作应做到医生来前不等待，送医院途中不中断，否则，触电者将很快死亡。

(5) 对于电伤和摔伤造成的局部外伤，在现场救护中也应作适当处理，防止触电者伤情加重。

习　题

一、填空题

1. 工厂供电的基本要求为_____、_____、_____和_____。

2. 供配电系统的接地有三种，即_____、_____和_____。

3. 衡量电力系统电能质量的基本参数是_____、_____和_____。

4. 电力系统是一个由_____、_____和_____组成的一个有机整体。

5. 一级负荷中特别重要的负荷，除由____个独立电源供电外，尚应增设_____，并严禁其他负荷接入。

二、判断题

(　　) 1. 电力系统的发电、供电、用电无须保持平衡。

(　　) 2. 电力线路的允许电压偏差为±5%。

(　　) 3. 互感器是供电系统中测量和保护用的设备。

(　　) 4. 避雷线的主要作用是传输电能。

(　　) 5. 对一次电气设备进行监视、测量、操作、控制和起保护作用的辅助设备称为二次设备。

三、选择题

1. 我国电网交流电的频率是(　　)Hz。

　　A. 60　　　　　　B. 50　　　　　　C. 80　　　　　　D. 100

2. 我国用电标准：一般为三相四线制，其中线电压为(　　)，相电压为(　　)。

　　A. 220V/380V　　　　　　　　B. 380V/220V

　　C. 230V/400V　　　　　　　　D. 400V/230V

3. 电力系统发生短路时，电路发生的变化是(　　)。

　　A. 电流增大而电压下降　　　　B. 电压升高而电流减少

　　C. 阻抗增大而电压降低　　　　D. 电压、电流均升高

4. 避雷针的功能实质上是(　　)作用。

　　A. 防雷　　　　　B. 避雷　　　　　C. 引雷

5．工厂供电系统对第一类负荷供电的要求是(　　)。

　　A．要有两个电源供电　　　　　B．必须有两个独立电源供电

　　C．一个独立电源供电　　　　　D．都不对

四、应用题

1．根据用户负荷的重要程度，把用户分为几个等级？对供电各有什么要求？

2．安全用电措施一般有哪几项？

【参考图文】

第 7 章

电 工 测 量

教学目标

(1) 准确使用测量仪器对电气参数进行测量。

(2) 了解电工测量仪表的基本工作原理。

(3) 能够熟练使用万用表测量相关参数。

本章介绍电工测量仪表的分类、型式、误差等级及工作原理，电流与电压的测量，功率表及功率测量，万用表的类型、构成原理及使用，电度表接线及电能测量，兆欧表的使用及绝缘电阻的测量。

7.1 电工测量仪表的分类与型式

7.1.1 电工测量仪表的分类

电工测量就是利用电工测量仪表对电路中的各个物理量，如电压、电流、功率、电能量等的大小进行实验测量。随着电气化、自动化程度的提高，电工测量越来越重要。电工测量由电工测量仪表和电工测量技术共同完成。电工测量仪表是电工测量中数据读取的依据，电工测量技术则可保证这些数据的准确性和可靠性。

常用的电工测量仪表有很多种，通常按下列方法分类。

1. 根据被测量的性质分类

电工测量仪表按被测量的性质分类，见表 7-1。

表 7-1 电工测量仪表按被测量的性质分类

被 测 量	仪 表 名 称	符　　号	测 量 单 位
电流	电流表	Ⓐ	A
	毫安表	ⓜA	mA
	微安表	ⓤA	μA
电压	电压表	Ⓥ	V
	千伏表	ⓚV	kV
电功率	功率表	Ⓦ	W
	千瓦表	ⓚW	kW
电阻	电阻表	Ⓞ	Ω
	兆欧表	ⓂΩ	MΩ
电能	电度表	kW·h	kW·h

2. 根据电工测量仪表的原理分类

电工测量仪表按原理分类，可分为磁电式、电磁式、电动式、整流式、热电式和感应式等类型。磁电式电工仪表，一般用来测量直流电流、直流电压和电阻；电磁式、整流式仪表，一般测量交流电压和交流电流；电动式仪表，则可以测量电流、电压、电功率、功率因数和电能量等。

3. 根据电工测量仪表测量电量的种类分类

电工测量仪表根据测量电量的种类不同可分为直流仪表(用=或 DC 表示)、交流仪表(用～或 AC 表示)和交直流仪表(用∐ 表示)。

4. 根据电工测量仪表的准确度等级分类

电工仪表按测量的准确度级别不同分为 0.1 级、0.2 级、0.5 级、1 级、1.5 级、2.5 级、5.0 级七种。一般 0.1 级和 0.2 级仪表用来作标准仪器和精密测量，0.5 级至

1.5 级仪表用于实验室的一般测量，1.5 级至 5.0 级一般用作生产现场的开关板式仪表。常用的电工仪表等级及对应误差见表 7-2。

表 7-2　常用仪表等级及对应误差

仪表准确度等级	0.1	0.2	0.5	1.0	1.5	2.5	5.0
最大基本误差/(%)	±0.1	±0.2	±0.5	±1.0	±1.5	±2.5	±5.0

7.1.2　电工测量仪表的型式

对于直读式电工测量仪表，根据其工作原理可分为磁电式仪表、电磁式仪表、电动式仪表等。它们的主要作用都是将被测电量变换成仪表活动部分的偏转角位移。为了将被测电量转换成角位移，电工仪表通常由测量机构和测量线路两部分组成。测量机构是电工仪表的核心部分，仪表的偏转角位移是靠它实现的。下面将常用的磁电式、电磁式、电动式电工仪表的结构和工作原理进行简要介绍。

1. 磁电式仪表

1）磁电式仪表的结构

磁电式仪表也称动圈式仪表，其测量机构包括固定部分和活动部分，如图 7.1 所示。固定部分由马蹄形磁铁 1、极掌 2 及圆柱形铁心 3 组成。活动部分由线圈 4、半轴 5、指针 6、螺旋弹簧 7 组成。

2）磁电式仪表的工作原理

当被测参数的电流流过活动线圈时，由于载流线圈与空气隙中的磁场相互作用，如图 7.2 所示，使线圈获得磁场力的作用，从而使线圈获得转矩，带动指针旋转。由磁场力产生的转矩使动圈转动时，螺旋弹簧将产生一反抗转矩，其数值随动圈转动角度的增大而增大直至与其相等，线圈处于稳定的平衡状态，指针也就指在某一对应位置。

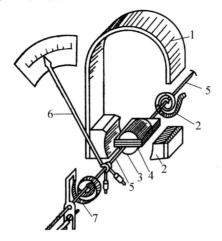

图 7.1　磁电式测量机构

1—马蹄形磁铁；2—极掌；3—圆柱形铁心；
4—线圈；5—半轴；6—指针；7—螺旋弹簧

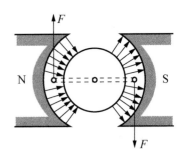

图 7.2　磁电式仪表的转矩

由于磁电式仪表指针偏转角 θ 与通过动圈的电流 I 成正比，因此，其表盘刻度是均匀的。指针的偏转方向由动圈中电流的方向决定，仪表接入测量电路时，要注意极性，否则指针反打会损坏仪表。通常磁电式仪表的接线柱旁均标有 "+" "–" 标记，以防接错。

3) 磁电式仪表的优缺点

磁电式仪表的优点：灵敏度、准确度高，刻度均匀，阻尼良好，构造精细，消耗功率小。

磁电式仪表的缺点：只能测量直流电路，不能直接测量交流电路。由于动圈导线很细，故载流量小，同时，结构较复杂，成本较高。

2. 电磁式仪表

1) 电磁式仪表的结构

电磁式仪表又称动铁式仪表，是利用动铁片与通有电流的固定线圈之间或被此线圈磁化的静铁片之间的作用力而制成的。一般有排斥型(又称圆线圈型)和吸引型(又称扁线圈型)两种结构。下面就常用的排斥型电磁仪表的结构进行介绍，其结构如图 7.3 所示。它由固定部分和可动部分两部分组成。其中，固定部分由固定线圈 1 和线圈内侧的固定铁片 2 组成；可动部分由固定在转轴 3 上的可动铁片 4、游丝 5、指针 6 和阻尼片 7、平衡锤 8 组成。

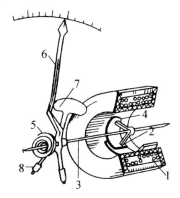

图 7.3 排斥型电磁仪表的结构

1—固定线圈；2—固定铁片；3—转轴；4—可动铁片；
5—游丝；6—指针；7—阻尼片；8—平衡锤

2) 排斥型电磁式仪表的工作原理

当排斥型电磁式仪表的固定线圈通过电流时，电流产生的磁场使得固定铁片 2 和可动铁片 4 同时磁化，这两个铁片的同一侧是同极性的磁极。同极性的磁极间相互排斥，使可动部分转动。当转动力矩与游丝产生的反作用力矩相等时，指针就取得某一平衡位置，从而指示被测量的数值。当通过固定线圈的电流方向改变时，它所建立的磁场方向也随之改变，被磁化的铁片磁性也随着同时改变，因此，两个铁片间仍然互相排斥，由此产生的转动力矩方向也保持不变。也就是说，排斥型电磁式仪表的指针偏转方向不随电流方向的改变而改变，因此，可应用于交流电路的测量。

3) 电磁式仪表的优缺点

电磁式仪表的优点：能进行交、直流电路测量，可测量较大的电流和电压，结构简单、牢固，价格低廉。

电磁式仪表的缺点：刻度不均匀，准确度较差，一般用于电力工程中电流、电压的测量。

3. 电动式仪表

1) 电动式仪表的结构

电动式仪表的测量机构如图 7.4 所示。它主要由定圈 1、动圈 2、转轴 3 及游丝 5、空气阻尼器(含阻尼片 4 和外盒 6)组成。其中，动圈通常放在定圈里面，由较细的导线绕成。

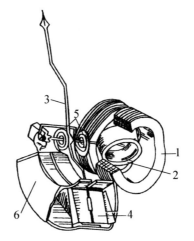

图 7.4　电动式仪表的测量机构

1—定圈；2—动圈；3—转轴；4—阻尼片；5—游丝；6—外盒

2) 电动式仪表的工作原理

当电动式仪表的定圈中通以电流 I_1 时，在定圈中就建立了磁场，其磁感应强度 B_1 正比于 I_1，即 $B_1 \propto I_1$。当在动圈中通以电流 I_2 时，则在定圈磁场中受到电磁力 F 的作用而产生转动力矩，如图 7.5(a)所示。其转矩正比于固定线圈所产生的磁感应强度 B_1 与动圈中流过的电流 I_2 的乘积，即 $M \propto B_1 \cdot I_2$。

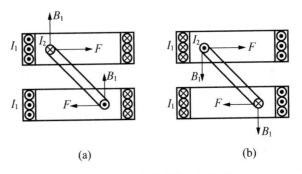

(a)　　　　　　　　　　(b)

图 7.5　电动式仪表的工作原理

当动圈所受电磁力 F 产生的转矩与游丝内弹力产生的转矩相等时，指针稳定，指示被测量的数值。

当电流 I_1 与 I_2 方向改变时，如图 7.5(b)所示，由图可知，电磁力 F 的方向不会改变。因此，动圈产生的力矩方向也不会改变，这说明电动式仪表可用于交流电路的测量。

3) 电动式仪表的优缺点

电动式仪表的优点：能测量交、直流回路的电流、电压和功率。

电动式仪表的缺点：受外界磁场的影响较大，测量电流、电压时刻度不均匀，本身耗能大，过载能力较弱，价格偏高。一般用作功率表，测量功率。

7.1.3 常用电工仪表的选择

1. 仪表类型的选择

在选择电工仪表类型时，应根据被测量是直流还是交流来选取相应功能的仪表。测量直流量时，广泛采用磁电式仪表。测量交流量时，首先要分清被测量是正弦波还是非正弦波。若被测量是正弦波，则可以选用任何一种具有交流测量功能的仪表。若被测量是非正弦波，则要分几种情况：测量有效值时，选用电磁式和电动式仪表；量平均值时，选用整流式仪表；测量瞬时值时，采用示波器观察或用照相方法进行测量。

2. 仪表准确度的选择

仪表准确度等级越高，其测量误差越小，但价格也越高，使用条件及要求也越严格。因此，仪表准确度的选择，要根据测量的实际情况和需要，兼顾经济性，合理选择。各个等级仪表的用途前面已经介绍，此处不再重述。

3. 仪表内阻的选择

仪表的内组也是影响测量准确度的重要因素，应根据被测量阻抗的大小来选择合适内阻的仪表。为了使仪表介入测量电路后，不至于影响原来电路的工作状态，并能减小仪表的功耗，要求电压表或功率表的并联线圈电阻应尽量大，并且量限越大，内阻也应越大。对于电流表或功率表的串联线圈电阻则应尽量小，并且量限越大，内阻应越小。

此外，在选择电工仪表时，必须考虑仪表的工作条件和使用场所。在进行高压电路测量时，为了保证人身和仪表的安全，要充分考虑仪表的绝缘强度，选择合适的绝缘附加装置。

7.2 电流与电压的测量

7.2.1 电流的测量

电流的测量通常是用电流表来实现的，其测量方法是将电流表串联于被测电路中，如图 7.6(a)所示。由于电流表的量程一般较小，为了测量更大的电流，其方法是采用分流器[图 7.6(b)]和电流互感器[图 7.6(c)]。

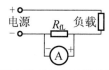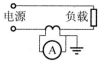

(a) 电流表直接接入　　(b) 直流电流表与分流器并联接入　　(c) 交流电流表通过电流互感接入

图 7.6　电流表的接线

通常采用分流器来扩大电流表的量程，如图 7.7 所示。其扩大量程步骤如下：

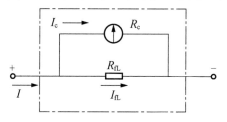

图 7.7　电流表的分流

R_c —测量机构内阻；　R_{fL} —分流电阻

① 首先要知道表头的内阻 R_c 和满刻度电流 I_c。

② 根据并联电路原理，求出量程扩大倍数 n，$n = I / I_c$（I 为扩大量程后满刻度电流，I_c 为表头满刻度电流）。

③ 求出分流器的阻值：

$$I_c = I \frac{R_{fL}}{R_{fL} + R_c} \tag{7-1}$$

所以 $I_c R_c = R_{fL}(I - I_c)$，有

$$R_{fL} = \frac{R_c I_c}{I - I_c} \tag{7-2}$$

$$R_{fL} = \frac{R_c}{n - 1} \tag{7-3}$$

【例 7.1】　已知表头的内阻为 $1k\Omega$，满偏转电流为 $500\mu A$，如果将该表量程扩大为 5A，问应并联的电阻 R_{fL} 为多少？

解： 求分流系数

$$n = \frac{I}{I_c} = \frac{5}{500 \times 10^{-6}} = 1 \times 10^4$$

求 R_{fL}

$$R_{fL} = \frac{R_c}{n - 1} = \frac{1000}{10^4 - 1} \approx 0.1(\Omega)$$

通常应用电流表测量线路电流时，需要切断被测线路，才能将电流表或电流互感器的一次线圈串接到被测电路中。但在一些不允许切断线路的电路中，则必须采

用钳形电流表进行测量。

钳形电流表主要由电流互感器和电流表组成。它最大的优点就是可在不切断电路的情况下测量电流,使用十分简便。图 7.8 所示为共立 2033 交直流数字式钳形电流表。使用时只要选取电流量程后,握紧扳手,电流互感器的铁心就张开,然后钳入被测线路导线,松开扳手,就可以在电流表中读取测量数据。钳形电流表的缺点是测量精度比较低。

图 7.8 数字式钳形电流表

 【参考视频】

7.2.2 电压的测量

电压的测量通常是用电压表来实现的。其测量方法是将电压表并联在电路中被测组件的两端,如图 7.9(a)所示。

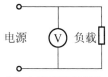

(a) 电压表直接接入

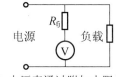

(b) 电压表通过附加电阻接入

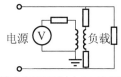

(c) 交流电压表通过电压互感器接入

图 7.9 电压表的接线

为了测量较高电压,通常在电压表回路中串联一个高阻值的附加电阻(交流电路也可采用电压互感器)来扩大电压表的量程,如图 7.9(b)和图 7.9(c)所示。一般电压表扩大量程采用串联附加电阻的方法,如图 7.10 点画线框内所示。

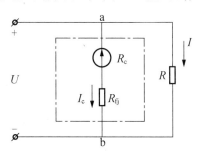

图 7.10 电压表的扩程

这时,通过测量机构的电流 I_c 为

$$I_c = \frac{U}{R_{fj} + R_c} \tag{7-4}$$

从式(7-4)中可以看出,只要附加电阻 R_{fj} 不变,I_c 就与两端点电压 U 成正比。若将电压表量程扩大 m 倍时,则附加电阻 R_{fj} 可通过式(7-5)求取

$$R_{fj} = (m-1)R_c \tag{7-5}$$

R_c —测量机构电阻; R_{fj} —附加电阻

【例 7.2】 一个满刻度偏转电流 I_c 等于 500μA,内阻 R_c 等于 200Ω 的表头,

要制成量程为 300V 的电压表，问应串联多大的附加电阻 R_{fj}？

解：表头满刻度偏转时两端的电压

$$U_c = R_c I_c = 200 \times 500 \times 10^{-6} = 0.1(V)$$

量程扩大倍数

$$m = \frac{U}{U_c} = \frac{300}{0.1} = 3000$$

附加电阻

$$R_{fj} = (m-1)R_c = (3000-1) \times 200 = 599.8(k\Omega)$$

7.3 功 率 测 量

7.3.1 单相交流和直流功率的测量

功率的测量是基本的电测量之一。从电工基础可知，直流电路和交流电路的功率计算公式分别为：

直流功率 $\qquad\qquad P = UI$

交流功率 $\qquad\qquad P = UI\cos\varphi$

通常采用电动式功率表来进行交直流功率测量，其电路如图 7.11 所示。它有两组线圈，一组为电流线圈，是固定的；另一组串接一个附加电阻 R_{fj} 后为电压线圈，是可动的。可动线圈所受转动力矩的大小与两线圈中电流的乘积成正比，而固定电流线圈中的电流与负载上的电压成正比，因此，可动线圈的转动力矩 M 就与负载中的电流 I 及其两端的电压 U 的乘积成正比。在直流电路中，M 与 P 成正比，功率表指针偏转角可直接指示功率的大小。在测量交流功率时，电压线圈中的电流由于 R_{fj} 较大的原因，电压与电流相位相同，电流线圈中的电流受负载影响而与电压存在一个相位差 φ，因此，功率表指针的偏转角也就指示了交流电功率 $P = UI\cos\varphi$，所以，电动式功率表既可测量直流功率，又可测量交流功率。

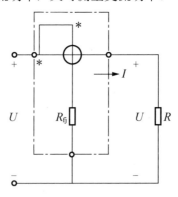

图 7.11　电动式功率表电路

单相功率表的接线如图 7.12 所示。电压和电流各有一个接线端上标有"*"或

"±"的极性符号。对于单相功率表的电压"*"端，可以和电流"*"端接在一起，也可以和电流的无符号端连在一起。前者称为前接法，适用于负载电阻远比功率表电流线圈电阻大得多的情况；后者称为后接法，适用于负载电阻远比功率表电压支路电阻小得多的情况。在这两种情况下，功率表电压支路中的电流若可忽略不计，可提高测量准确度。

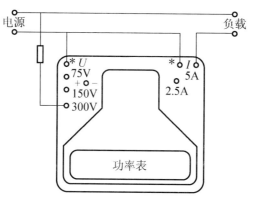

图 7.12　单相功率表接线

7.3.2　三相功率的测量

在实际工程和日常生活中，由于广泛采用的是三相交流系统，因此，三相功率测量也就成为基本的测量。三相功率的测量，大多数采用单相功率表，也有的采用三相功率表。其测量方法有一表法、二表法、三表法及直接三相功率表法四种。下面分别进行介绍。

1. 一表法

一表法仅适用于三相四线制系统三相负载对称的三相功率测量，其接线如图 7.13 所示。此时，表中读数为单相功率 P，由于三相功率相等，因此，三相功率为

$$P=3P_1$$

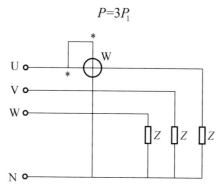

图 7.13　一表法测三相功率接线

2. 二表法

二表法适用于三相三线制系统中三相功率的测量。此时，不论负载是星形联结

还是三角形联结，二表法都适用，其接线如图 7.14 所示。测量结果，三相功率 P 等于两表中的读数之和，即

$$P=P_1+P_2$$

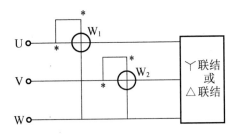

图 7.14　二表法测三相功率接线

3. 三表法

三表法适用于三相四线制负载对称和不对称系统的三相功率的测量，其接线如图 7.15 所示。测量结果，三相功率 P 等于各相功率表中读数之和，即

$$P=P_1+P_2+P_3$$

4. 直接三相功率表法

直接三相功率表法适用于三相三线制电路。它是将三相功率表直接接在三相电路中，进行三相功率的测量，功率表中的读数即为三相功率 P，其接线方式如图 7.16 所示。

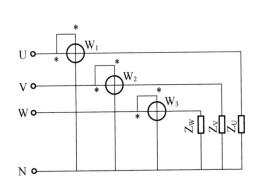

图 7.15　三表法测三相功率接线

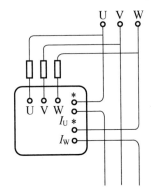

图 7.16　三相功率表接法

7.4 万 用 表

万用表又称万能表、三用表等，是一种多功能携带式电工仪表。它可用来测量交、直流电压和电流，直流电阻，以及二极管、晶体管参数等，是电工必备的一种测量仪表。万用表按其原理不同可分为模拟万用表和数字万用表两大类。从外形款式上看，除传统的便携式和袖珍式万用表外，近年来，薄型、折叠式、卡装式等万用表已成为新的流行款式。如 W003、MF133 等型号均实现了薄型化，其中，W003

的外形尺寸仅为 90mm×60mm×30mm，质量仅 149g，携带十分方便。

7.4.1 模拟式万用表

模拟式万用表主要为磁电式指针万用表，其结构主要由表头(测量机构)、测量线路和转换开关组成。它的外形可以做成便携式或袖珍式，并将刻度盘、转换开关、调零旋钮及接线插孔装在面板上。下面以 YX360 模拟式万用表为例来说明。

YX360 模拟式万用表的外形如图 7.17 所示，共有 18 个挡位。其使用方法如下：

图 7.17 YX360 万用表外形

① 使用前需调整调零旋钮，使指针准确指示在刻度尺的零位置。

② 直流电压测量：先将表笔插在"+""−"插孔内(红表笔插"+"，黑表笔插"−")。估计被测电压值，选择量程，将旋转开关旋至相应的 DCV 区相应量程上，再将表笔跨接在被测电路两端即可。如果不知测量电压的大小，可将旋转开关旋至量程最大挡，然后根据表头指示再选择相应量程。如果指针反打，只需将表笔对调再测量即可。

③ 直流电流测量：先将旋转开关旋至被测电流相应的 DCmA 区量程上，然后将表串接在被测电路中，即可测量被测电路的电流。

④ 交流电压的测量：将旋转开关旋至 ACV 区相应的量程上，测量方法同直流电压的测量方法。

⑤ 电阻的测量：将旋转开关旋至 Ω 区相应的量程上，先将表笔短路调零，然后将表笔跨接在电阻两端即可测量。

7.4.2 数字式万用表

随着数字技术的发展，数字式万用表(DMM)由于其以十进制数字直接显示，读数直接、简单、准确，功能多(可测量交直流电压和电流、电阻、电容、二极管参数等)，分辨率高，测量速率快，输入阻抗高，功耗低，保护功能齐全等优点而被广泛应用。

1. 数字式万用表的结构原理

数字式万用表的核心部分为数字电压表(DVM)，它只能测量直流电压。因此，各种被测量的测量都是首先经过相应的变换器，将各被测量转化成数字电压表可接受的直流电压，然后送给数字电压表，在数字电压表中，经过模/数(A/D)转换，变成数字量，最后利用电子计数器计数并以十进制数字显示被测参数。数字式万用表的一般结构框图如图 7.18 所示。其中在功能变换器中，主要有电流/电压变换器、交流/直流变换器、电阻/电压变换器等。

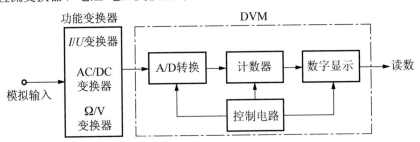

图 7.18　数字式万用表一般结构框图

2. DT890 型数字式万用表使用方法

目前，市场上数字式万用表的型号有很多，如 DT89 系列、UA70 系列、MS820系列、VC98 系列、FK92 系列、UT70 系列等，其使用方法基本相似。下面以 DT890型数字式万用表为例，对数字式万用表的使用方法进行介绍。

1) DT890 型数字式万用表的面板

DT890 型数字式万用表的面板如图 7.19 所示。面板上有显示器、电源开关、h_{FE}测量插孔、电容测量插孔、量程转换开关、电容零点调节旋钮、四个输入插孔等。

2) DT890 型数字式万用表的使用

(1) 直流电压挡的使用：将电源开关置于"ON"，红表笔插入"V/Ω"插孔，黑表笔插入"COM"插孔，量程开关置于"DCV"范围内合适的量程，将两表笔并联于被测电路两端即可测量直流电压。DT890 型数字式万用表直流电压最大可测1000V。若无法估计被测电压大小时，应先拨至最高量程，然后根据显示选择合适量程(在交直流电压、交直流电流测量中都应如此)。

(2) 交流电压挡的使用：将量程开关置于"ACV"范围内合适的量程，将表笔并联于被测电路即可进行交流电压测量。DT890 型数字式万用表交流电压最大可测700V。

(3) 直流电流挡的使用：将量程开关置于"DCA"范围内合适的量程，红笔插入"A"孔，黑笔插入"COM"插孔，将两表笔串联在被测电路中即可进行直流电流测量。当被测电流大于 200mA 时，应将红表笔改插"10A"插孔。测量大电流时，测量时间不应超过 15s。

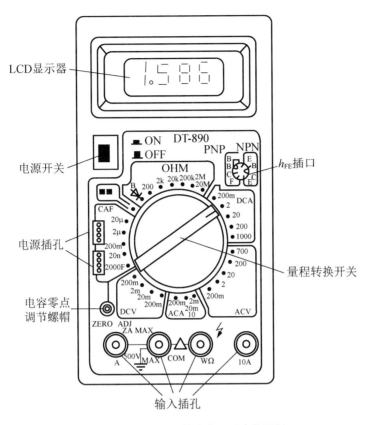

图 7.19　DT890 型数字式万用表的面板

(4) 交流电流挡的使用：将量程开关置于"ACA"范围内合适的量程，表笔接法同直流电流测量接法，即可进行交流电流的测量。

(5) 电阻挡的使用：使用电阻挡时，红表笔应插入"V/Ω"插孔，黑表笔插入"COM"插孔，量程开关置于"OHM"范围合适的量程即可进行电阻测量。

(6) h_{FE} 挡的使用：h_{FE} 挡可以用来测量晶体管共发射极连接时的电流放大倍数，此时，应将晶体管对应的三个极分别插入"h_{FE}"相应的插孔，如果插错，测量结果就不正确。一般此挡测量结果只作参考用。

(7) 电容挡的使用：将量程开关置于"CAP"挡，即可测量电容容量。DT890 型数字式万用表有 5 个电容挡，最大为 20μF，最小为 2000μF，测量时可选择适当量程。

3) DT890 型数字式万用表使用注意事项

(1) 严禁在测量高压(100V 以上)或大电流(0.5A 以上)时拨动量程开关。

(2) 测量交流量时，交流电压或电流的频率应控制在 45～500Hz，否则测量结果不准确。

(3) 测量电阻时，严禁带电测量。

(4) 数字式万用表使用完毕，应将量程开关置于电压最高量程，再关电源。

(5) 不得在高温、暴晒、潮湿、灰尘严重等恶劣环境下使用或存放数字式万用表，长期不用时，应取出万用表内的电池。

7.5 电度表及电能的测量

7.5.1 电度表及其接线方式

1. 电度表的分类

电度表用于测量电能,是生产和使用数量最多的一种仪表。根据工作原理不同,可将电度表分为感应式、电动式和磁电式三种;根据接入电源的性质不同,可将电度表分为交流电度表和直流电度表;根据测量对象的不同,可将电度表分为有功电度表和无功电度表;根据测量准确度的不同,可将电度表分为 3.0 级、2.0 级、1.0 级、0.5 级、0.1 级等;根据电度表接入电源相数的不同,可将电度表分为单相电度表和三相电度表。下面介绍常用的感应式交流有功电度表的结构及接线。

2. 单相交流电度表的结构及接线

1) 单相交流电度表的结构

单相交流感应式电度表的结构如图 7.20 所示。它的主要组成部分有电压线圈 1、电流线圈 2、转盘 3、转轴 4、上下轴承 5 和 6、蜗杆 7、永久磁铁 8、磁轭 9、计量器、支架、外壳、接线端钮等。工作时,当电压线圈和电流线圈通过交变电流时,就有交变的磁通穿过转盘,在转盘上产生感应涡流,这些涡流与交变的磁通互相作用产生电磁力,从而使转盘转动。计量器就是通过齿轮比,把电度表转盘的转数变为与之对应的电能指示值。转盘转动后,涡流与永久磁铁的磁感应线相切割,受一反向的磁场力作用,从而产生制动力矩,致使转盘以某一速度旋转,其转速与负载功率的大小成正比。

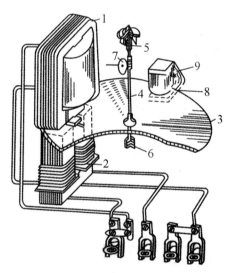

图 7.20 单相交流感应式电度表结构

1—电压线圈;2—电流线圈;3—转盘;4—转轴;5—上轴承;
6—下轴承;7—蜗杆;8—永久磁铁;9—磁轭

2) 单相交流电度表的接线

单相交流电度表可直接接在电路上,其接线方式有两种,顺入式和跳入式,如图 7.21 所示,常见的为跳入式。

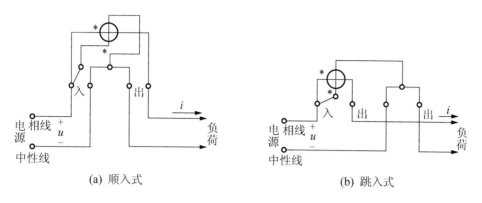

(a) 顺入式   (b) 跳入式

图 7.21　单相电度表接线

3. 三相交流电度表的结构及接线

1) 三相交流电度表的结构

三相交流电度表的结构与单相交流电度表相似,它是把两套或三套单相电度表机构套装在同一轴上组成,只用一个"积算"机构。由两套机构组成的称为两元件电度表,由三套机构组成的称为三元件电度表。前者一般用于三相三线制电路,后者可用于三相三线制及三相四线制电路。

2) 三相交流电度表的接线

三相交流电度表可按图 7.22 所示方法接入电路,其中,图 7.22(a)所示为二元件电度表接线,图 7.22(b)所示为三元件电度表接线。

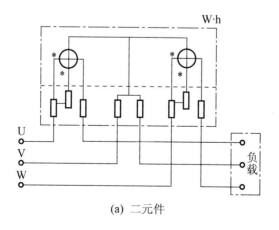

(a) 二元件

图 7.22　三相电度表的接线

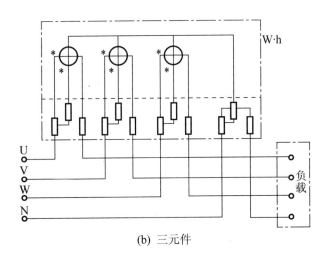

(b) 三元件

图 7.22　三相电度表的接线(续)

7.5.2　电能测量

电能的组成包括有功电能和无功电能两部分。有功电能可用有功电度表进行测量，无功电能可用无功电度表进行测量。通常进行的是有功电能的测量。

1. 单相有功电能的测量

单相有功电能的测量可用单相有功电度表进行测量。当线路电流不太大时(在电度表允许工作电流范围内)，可采用直接接入法，即把单相电度表直接接入电路进行测量。当线路电流较大，超过了电度表允许工作电流时，电度表必须经过电流互感器接入电路，如图 7.23 所示。此时，电度表实际测量电能量为

$$W = KW_{读}$$

式中，K 为电流互感器的变比；$W_{读}$ 为电度表上的读数。

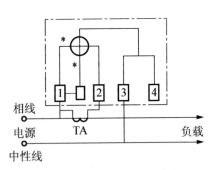

图 7.23　LH 测量法

2. 三相有功电能的测量

在对称的三相四线制系统中，若三相负载对称，则可用一只单相电度表测量任一相电能，然后乘以 3 即得三相总电能，即 $W = 3W_1$。若三相负载不对称，测量方法有两种：一种是利用三个单相电度表，分别接于三相电路中，将这三个电度表中的读数相加即得三相总电能，即 $W = W_1 + W_2 + W_3$；另一种是利用三相电度表直接接入电路进行测量，电度表上的读数即为三相总电能。

注意，当电路中的电流太大时，三相电度表必须经电流互感器接入电路进行测量。当电路中电流和电压都较大时，电度表必须经过电流互感器及电压互感器接入电路进行测量。

7.6　兆欧表及绝缘电阻的测量

电阻测量是电气测量的重要内容之一。通常将电阻分为小值电阻(1Ω以下)、中值电阻(1Ω～0.1MΩ)和大值电阻(0.1MΩ以上)三类。电阻测量方法一般有直接测量法、比较测阻法和间接测阻法。直接测量法就是采用直读式仪表，如电阻表、万用表、兆欧表等，直接进行测量。比较测阻法就是采用比较仪器，如直流单臂电桥、直流双臂电桥等，将被测电阻与标准电阻器进行比较，当仪表中检流计指零时，可根据已知的标准电阻值获取被测电阻的阻值。间接测阻法就是通过测量与电阻有关的电量，如电压和电流，根据电工公式(如欧姆定律)，求出被测电阻值的一种测量方法。在一般的情况下，只需要采用万用表来进行电阻的测量。下面介绍利用兆欧表进行大值电阻测量的情况。

【参考视频】

7.6.1　兆欧表的工作原理

兆欧表又称摇表，是一种测量高电阻的仪表，经常用于测量电气设备的绝缘电阻，其表盘刻度以兆欧(MΩ)为单位。

兆欧表的结构主要由两部分组成：一是比率型磁电系测量机构；二是一台手摇直流发电机。磁电式兆欧表的外形如图 7.24(a)所示，其内部原理电路如图 7.24(b)所示。被测绝缘电阻接在"线"和"地"两个端子上。兆欧表的读数比率表指针位置由电流回路和电压回路共同作用来决定。电流回路由发电机"+"端经被测电阻 R_j，限流电阻 R_0，流回发电机"−"端，流过的电流为 I_1。可见，当发电机端电压 U 不变时，I_1 与 R_j 成反比，其产生一转动力矩 M_1。电压回路由发电机"+"端经限流电阻 R_U，流回发电机"−"端，其流过电流为 I_2。可见，当发电机的端电压 U 不变时，I_2 与 R_j 无关，其产生一反作用力矩 M_2。当 $M_1=M_2$ 时，指针处于平衡位置，从而指示被测电阻 R_j 的值。

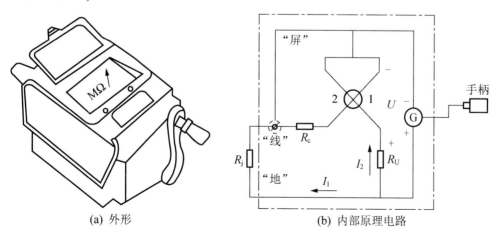

(a) 外形　　　　　　(b) 内部原理电路

图 7.24　磁电式兆欧表外形与内部原理电路

7.6.2　绝缘电阻的测量

绝缘电阻的一般测量方法是先将兆欧表平稳放置，然后将被测绝缘电阻的两端接在兆欧表的"线路"(L)和"接地"(E)两端钮上，均速(额定转速，一般为 120r/min)摇动发电机，当指针稳定后，读取比率表中的数值，即为被测绝缘电阻的值。

测量绝缘电阻时，要注意以下几点：

(1) 测量前应检查兆欧表在"线""地"短接及开路时是否为 0 和∞，若不是，则应调整。

(2) 测量电气设备绝缘电阻时，应按被测电气设备的额定电压选取相应的兆欧表。同时切断被测电气设备的电源，并接地短路放电，以保证人身和设备安全及数据准确。

(3) 兆欧表有三个接线柱，一个为"线路"L，一个为"接地"E，还有一个为"屏蔽"即保护环 G。当被测绝缘电阻表面不干净或潮湿时，为了测量准确，应将兆欧表的屏蔽端"屏"接入电路(一般接在被测绝缘电阻的表面)，防止表面泄漏电流对测量的影响。

(4) 测量绝缘电阻时，兆欧表放置地点应远离大电流的导体及有外磁场的场合，以免影响读数。

(5) 为获取准确的测量结果，要求手摇发电机在额定转速下工作 1min 后进行读数。

(6) 用兆欧表时，由于发电机端口电压可达千伏级，所以要注意测量安全。

习　题

一、填空题

1．已知示波器的扫描控制开关置于 0.2ms/div，被测信号为正弦波，荧光屏上显示 8 格的两个周期的完整波形，则被测信号的频率为_____。

2．_____级的仪表用于精密测量、_____级用于实验室测量，_____级用于工程测量。

3．钳形电流表的最大缺点是_____。

4．电工指示仪表的特点是能将被测电量转换为_____并通过_____直接显示出被测量的大小，故又称为直读式。

5．_____又称摇表，是用来检测电器设备的_____。

二、判断题

(　　) 1．在目前的电子测量中，频率的测量准确度是最高的，成为其他测量的重要手段。

(　　) 2．对于一只电压表来讲，电压表量程越高，电压表的内阻越大。

(　　) 3．使用兆欧表时，摇把的标准转速为 120r/min。

(　　) 4．严禁在被测电阻带电的情况下，用万用表欧姆挡测量电阻。

（　　）5．钳形电流表只能测量频率为 50Hz 的正弦交流电流，而不能测量其他频率的交流电流。

三、选择题

1．根据测量误差的性质和特点，可以将其分为（　　）三大类。
   A．绝对误差、相对误差、引用误差
   B．固有误差、工作误差、影响误差
   C．系统误差、随机误差、粗大误差
   D．稳定误差、基本误差、附加误差

2．电子测量仪器发展大体经历了四个阶段：（　　）。
   A．模拟仪器、数字化仪器、智能仪器和虚拟仪器
   B．机械仪器、数字化仪器、智能仪器和虚拟仪器
   C．模拟仪器、电子化仪器、智能仪器和虚拟仪器
   D．模拟仪器、数字化仪器、智能仪器和 PC 仪器

3．仪表的灵敏度低，说明仪表（　　）。
   A．准确度低
   B．量程小
   C．功率消耗小
   D．不能反映被测量的微小变化

4．万用表的转换开关是实现（　　）。
   A．各种测量种类及量程的开关
   B．万用表电流接通的开关
   C．接通被测物的测量开关
   D．装饰性美观作用

5．兆欧表有三个端钮分别标有 L、E、（　　）。
   A．H　　　　　B．G　　　　　C．K　　　　　D．F

四、应用题

1．测量电容器时应注意哪些事项？
2．结合生活实际阐述低压电网常进行的测量工作有哪些？

【参考图文】

第 8 章

电工实验实训

教学目标

(1) 能够通过实验验证所学理论知识，起到巩固和加深所学理论知识的目的。

(2) 初步掌握常用电工电子工具的正确使用方法。

(3) 锻炼和培养学生的动手能力和实际工程应用能力。

(4) 通过实验报告，锻炼学生编写工程技术报告的能力。

总之，通过实验、实训教学环节，希望学习者能够运用所学知识处理一些实际问题，以提高工程应用能力。

8.1　指针式万用表的使用及电阻、电容的识别与检测

1. 实验目的

(1) 了解电阻、电容、电感的识别和检测方法。

(2) 熟练掌握用万用表的使用方法。

2. 实验器材

JD-2000 通用电学实验台，指针式万用表 1 块，不同型号的电阻器、电容器、电感器，导线若干。

3. 实验内容和步骤

(1) JD-2000 通用电学实验台的认识。

(2) 万用表的使用。

① 测量交流电压。将万用表的功能转换开关旋至交流电压挡，按要求测试出实验台上的三相交流电源的相电压、线电压值，记录于表 8-1 中。

表 8-1　三相交流电源的电压

挡　　位	线　电　压			相　电　压		
	U_{UV}	U_{VW}	U_{WU}	U_{UN}	U_{VN}	U_{WN}
500V						
250V	—	—	—			

② 测量直流电压和电流。按电路图 8.1 所示连好线，测试电源电压、电阻 R 的电压及回路中的电流。将结果记录于表 8-2 中。

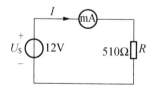

图 8.1　直流电压和电流测量电路

表 8-2　直流电压和电流的测量

电　源　电　压		电　阻　电　压		电　流	
挡　　位	测　量　值	挡　　位	测　量　值	挡　　位	测　量　值

③ 测量电阻。

a. 电阻器的识别和检测。将万用表的功能转换开关旋至欧姆挡，首先调零，然后选好挡位，将电阻的阻值和检测结果填入表 8-3 中。

表 8-3　电阻器的识别和检测

序号	标志	识　别				测　量		性能好坏
		材料	阻值	允许误差	功率	量程	阻值	

b. 色环电阻器的识别和检测。取出若干电阻,观察其外部的色环,将色环电阻的识别和检测结果记录于表 8-4 中。每条色环的意义见附录 A。

表 8-4　色环电阻的识别和检测

序号	色环颜色 (按顺序填写)	识　别			测　量		性能好坏
		阻值	允许误差	功率	量程	阻值	

④ 电容的识别和检测。读出瓷片电容的数码标识,并用万用表粗略判别其质量,将结果记录于表 8-5 中;用万用表判别电解电容极性及质量,将结果记录于表 8-6 中。电容识别方法见附录 A。

表 8-5　电容的识别与检测

标 识 数 码	容量值(单位)	质 量 判 别
8.2		
56		
202		
229(2.2)		
682(6800)		

表 8-6　电解电容的识别与检测

容量 标称值	耐压 标称值	外观极性判别		容量测量值	测　量		质量判别
		符号	管脚		挡位	充电电阻值	

(3) 万用表使用注意事项。

① 测量电压时,万用表与被测电路并联;测量电流时,万用表与被测电路串联。在不知被测电压、电流大致范围时,要先选择较大量程来测量,如果指针偏转很小角度,则更换合适量程再测量;测量电路中的电阻时,一定要切断电源,不允许带电测量。测量高压时,要注意人身安全,按说明书上的规定进行。万用表不用时,将转换开关放在电压挡的最大量程上。禁止在通电测量状态下转动量程开关,否则会产生电弧,使开关触点损坏。

② 养成"单手操作"的习惯,确保人身安全 在测电压时,必须带电操作。此时,应将万用表黑表笔接一个小夹子,夹在电路的"地"点,用一只手拿红表笔去接触被测电路上的某点测量电压。

③ 用指针式万用表测量直流电压、电流时,一定要将红表笔接电路中的高电位,黑表笔接低电位。

④ 使用欧姆挡时,每换一个量程都要重新调零(将红、黑两表笔短接,使指针指到零刻度处),避免误差太大;要合理选用量程。如果量程选得不合适,万用表指针摆动角度很小或是很大,所测值均不太准确,要尽量让指针指到零刻度到全量程的 2/3 这一段上(欧姆挡刻度线分布不均匀),这时,所测值才准确。

检测方法要得当,检测时要避免人体对测量结果的影响。尤其是测量电阻值较大的电阻器时,用手触到电阻器的接线,就等于给所测电阻器又并联了一个电阻器,这样测得的电阻值不准确。当发现使用 $R×1$ 挡时,不能将万用表指针调到零刻度处,说明此时应更换电池。

⑤ 测量大容量电容时,先要给电容器放电,否则会把万用表烧坏。

4. 问题与思考

分析实验中误差产生的原因。

8.2 数字式万用表的使用与直流电路认识实验

1. 实验目的

(1) 初步掌握数字式万用表的使用方法。

(2) 验证基尔霍夫定律(KCL、KVL)、叠加定理,巩固有关的理论知识。

(3) 加深理解电流和电压参考正方向的概念。

2. 实验器材

JD-2000 通用电学实验台,数字式万用表 1 块,电阻 100Ω、200Ω、300Ω各1只,指针式交直流毫安表 1 块。

3. 实验内容与步骤

1) 认识和熟悉电路实验台设备及本次实验的相关设备

(1) 实验台电路板块。

(2) 数字式万用表的正确使用方法及量程的选择。

(3) 指针式交直流毫安表的正确使用方法及量程的选择。

2) 测量电阻、电压和电流

(1) 测量电阻:用数字式万用表的欧姆挡测量电阻。万用表的红表笔插入"VΩ"插孔中,黑表笔插入"COM"插孔中。欧姆挡的量程应根据待测电阻的数值合理选取。把测量所得数值与电阻的标称值进行对照比较,得出误差结论。

(2) 测量电压:连接一个汽车拖拉机照明电路,如图 8.2 所示。选择直流电源分别为 6V 和 12V。用万用表的直流电压 20V 挡对电路各段电压进行测量，将测量结果填入表 8-7 中。

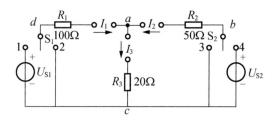

图 8.2 汽车拖拉机照明电路

表 8-7 验证 KCL 和 KVL 数据记录表

测量参量	U_{S1}/V	U_{S2}/V	U_{R1}/V	U_{R2}/V	U_{R3}/V	I_1/A	I_2/A	I_3/A
实测值								

(3) 测量电流：用交直流毫安表进行测量。首先将量程打到最大量程位置，在测量过程中再根据指针偏转程度重新选择合适量程。注意，电表应串接在各条支路中。将测量值填入表 8-7 中。

3) 验证 KCL 和 KVL

根据测量数据验证 KCL 和 KVL，并分析误差产生原因。

4) 验证叠加定理

(1) 调节实验电路中的两个直流电源，分别使 U_{S1}=12V、U_{S2}=6V。

(2) 当 U_{S1} 单独作用时(U_{S2} 短接，但保留其支路电阻 R_2)，测量各支路电流 I_1'、I_2' 和 I_3'，支路端电压 U_{ab}'。

(3) 使 U_{S1} 短接，保留其支路电阻 R_1。测量 U_{S2} 单独作用下各支路电流 I_1''、I_2'' 和 I_3''，支路端电压 U_{ab}''。

(4) 测量两个电源共同作用下的各支路电流 I_1、I_2 和 I_3，电压 U_{ab}。

(5) 将所测量结果填入表 8-8 中，并验证叠加定理的正确性。

注意，实验结束后，应将万用表上电源按键按起，使电表与内部电池断开。

表 8-8 验证叠加定理数据记录表

测 量 参 量	I_1/mA	I_2/mA	I_3/mA	U_{ab}/V
U_{S1}、U_{S2} 共同作用				
U_{S1} 单独作用				
U_{S2} 单独作用				

4. 问题与思考

(1) 如何用万用表测量电阻？电阻带电测量时会发生什么问题？

(2) 如何把测量仪表所测得的电压或电流数值与参考正方向联系起来？

8.3　叠加定理和戴维南定理的验证

1. 实验目的

(1) 通过实验加深对叠加定理与戴维南定理内容的理解。

(2) 学习线性有源二端网络等效参数的测量方法，加深对"等效"概念的理解。

(3) 进一步加深对参考方向概念的理解。

2. 实验器材与设备

电工实验台，电路原理实验箱或相关实验器件，数字式万用表 1 块，导线若干。

3. 实验原理及实验步骤

1) 叠加定理的实验

(1) 实验原理电路。叠加定理验证实验电路如图 8.3 所示。

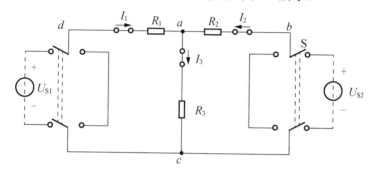

图 8.3　叠加定理验证实验电路

(2) 实验原理。

叠加定理的内容：对任一线性电路而言，任一支路的电流或电压，都可以看作电路中各个电源单独作用下，在该支路产生的电流或电压的代数和。

叠加定理是分析线性电路的非常有用的网络定理，叠加定理反映了线性电路的一个重要规律——叠加性。要深入理解定理的含义、适用范围，灵活掌握利用叠加定理分析复杂线性电路的方法。通过实验进一步加深对叠加定理的理解。

(3) 实验步骤。

① 调节实验电路中的两个直流电源，分别使 U_{S1}=12V、U_{S2}=6V。

② 当 U_{S1} 单独作用时，U_{S2} 短接，但保留其支路电阻 R_2。测量 U_{S1} 单独作用下各支路电流 I_1'、I_2' 和 I_3'，支路端电压 U_{ab}'，记录在自制的表格中。

③ 使 U_{S1} 短接，保留其支路电阻 R_1。测量 U_{S2} 单独作用下各支路电流 I_1''、I_2'' 和 I_3''，支路端电压 U_{ab}''，记录在自制的表格中。

④ 测量两个电源共同作用下的各支路电流 I_1、I_2 和 I_3，结点电压 U_{ab}，记录在自制的表格中。

⑤ 验证叠加定理的正确性。

电路电工基础

2) 戴维南定理的实验

(1) 实验原理电路。戴维南定理验证实验电路如图 8.4 所示。

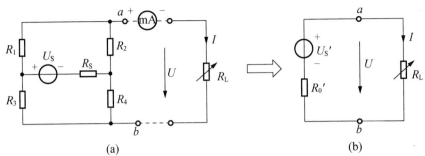

图 8.4　戴维南定理验证实验电路

(2) 实验原理。

戴维南定理的内容：对任意一个有源二端网络而言，都可以用一个理想电压源 U_S' 和一个电阻 R_0' 的戴维南支路来等效代替。等效代替的条件是原来有源二端网络的开路电压 U_{OC} 等于戴维南支路的理想电压源 U_S'；原来有源二端网络除源后(网络内所有的电压源短路处理，保留支路上电阻不动；所有的电流源开路)成为无源二端网络后的入端电阻 R_0 等于戴维南支路的电阻 R_0'。

(3) 实验步骤。

① 按照图 8.4(a)连接实验电路。

② 使电路从 a、b 处断开，测出开路电压 U_{OC}，再把电压源 U_S 短接，从 a、b 处测出无源二端网络的入端电阻 R_0，记录在自制表格中。

③ 把电流表串接到电路中，短接负载电阻 R_L，测出短路电流值 I_{OS}，通过计算得 $R_0 \left(R_0 = \dfrac{U_{OC}}{I_{OS}} \right)$，将计算值与步骤②中所测 R_0 值进行比较，并将结果记录在自制表格中。

④ 把负载电阻 R_L 接入电路中，测量路端电压 U 和电流 I，结果记录在自制表格中。

⑤ 按照图 8.4(b)连接实验电路，选择电压源的数值等于 U_{OC}，内阻的数值等于 R_0，负载电阻与图 8.4(a)中的相同，重新测量路端电压 U 和电流 I，结果记录在自制表格中，并且和图 8.4(a)电路所测得的 U 与 I 相比较。

4. 问题与思考

(1) 验证叠加定理实验中，当一个电源单独作用时，其余独立源按零值处理，如果其余电源中有电压源和电流源，该如何做到使它们为零值？

(2) 在求戴维南定理等效网络时，测量短路电流的条件是什么？能不能直接将负载短路？

8.4　三表法测试线圈参数

1. 实验目的

(1) 学习交流电压表、电流表，自耦变压器和功率表的连接和使用。

(2) 学会用电压表、电流表、功率表测定交流电路中未知阻抗元件(线圈参数)的方法。

(3) 掌握用直流法测定线圈的直流电阻值,并进行直流电阻与交流电阻差别的比较。

(4) 通过实验更进一步理解电压三角形和阻抗三角形各量之间的关系。

2. 实验仪器与设备

自耦调压器 1 台,直流稳压电源 1 台,交流电压表 1 只,交流电流表 1 只,单相功率表 1 只,线圈 1 只,滑线变阻器 1 只。

3. 实验原理及实验步骤

(1) 实验原理电路。用电压表、电流表、功率表测线圈参数电路如图 8.5 所示。

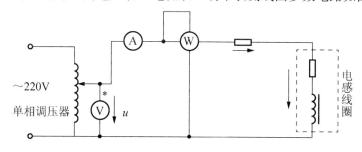

图 8.5　用电压表、电流表、功率表测线圈参数电路

(2) 实验原理。

① 实验电路中的电压三角形和阻抗三角形。工频情况下的交流电阻值与直流电阻应稍有差异,一般用"$R\sim$"表示,直流法情况下测得的电阻值称为直流电阻,一般用"$R-$"表示。各电压之间的关系可用相量三角形表示,各阻抗之间的关系可用阻抗三角形表示,如图 8.6 所示。

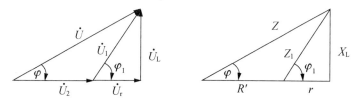

图 8.6　电压三角形与阻抗三角形

② 实验电路所接触到的公式。

$$P = UI\cos\varphi = I^2 R = I^2(R' + r)$$

$$R = \frac{P}{I^2}, \quad R = R' + r, \quad L = \frac{X_L}{2\pi f}$$

$$|Z| = \frac{U}{I}, \quad |Z_1| = \frac{U_1}{I}, \quad R' = \frac{U_2}{I}$$

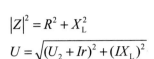

$$|Z|^2 = R^2 + X_L^2$$

$$U = \sqrt{(U_2 + Ir)^2 + (IX_L)^2}$$

(3) 实验步骤。

① 观察功率表的面板，看懂各端钮表面符号所代表的意义。

② 按实验原理图接好实验电路，请指导教师检查之后，再接通电源。

③ 注意正确使用调压器：接通电源前调压器手轮应放在"零"位，接通电压后，徐徐调节手轮，注意观察电压表，使输出电压调节至160V(第二次调节至180V，第三次调节至200V)。同时观察功率表和电流表在三个电压下的不同数值，并将每次实验数据 U、I、P 记录在自制表格中。

④ 根据实验数据计算出每次实验的$|Z|$、r、X_L、L、$\cos\varphi$ 的值。

⑤ 计算三次电源电压下所测得的数值的平均值，确定为空芯线圈参数 r、L。

⑥ 用直流法测量线圈发热电阻值。

⑦ 在线圈中插入铁心，重新测量其交流、直流电阻值。

用直流电源测量线圈发热电阻时，选择直流稳压电源的电压值为15V(或30V)，将电感线圈连接在电源两端，由于直流下电感线圈的感抗等于零，所以直流电压与直流电流的比值即为线圈的发热电阻值。将此测量值与交流测试时计算所得的发热电阻值进行比较。

4. 问题与思考

(1) 实验线路中，为什么电压表和功率电压线圈都要采用前接法(即带＊号的接在相线端)的连接方式？

(2) 为何空芯线圈的直流电阻值和交流电阻值很接近？而铁心时它们却相差较大？

8.5 日光灯照明电路及功率因数的提高

1. 实验目的

(1) 了解日光灯电路的工作原理及连接情况。

(2) 掌握单相交流电路提高功率因数的常用方法及电容量的选择。

(3) 进一步熟悉单相功率表的接线及使用方法。

2. 实验仪器

日光灯电路组件 1 套，电容箱 1 个，电流插箱 1 个，万用表、交直流电流表和单相功率表各 1 块。

3. 实验内容及步骤

实用中的用电设备大多是感性负载，其等效电路可用 R、L 串联电路来表示。电路消耗的有功功率 $P=UI\cos\varphi$，当电源电压 U 一定时，输送的有功功率 P 就一定。若功率因数低，则电源供给负载的电流就大，从而使输电线路上的线损增大，影响供电质量，同时还要多占电源容量，因此，提高功率因数有着非常重要的意义。

提高感性负载功率因数常用的方法是在电路的输入端并联电容器，如图 8.7 所示。这是利用电容中超前电压的无功电流去补偿 RL 支路中滞后电压的无功电流，从而减小总电流的无功分量，提高功率因数，实现减小电路总的无功功率。而 RL 支路的电流、功率因数、有功功率并不发生变化。

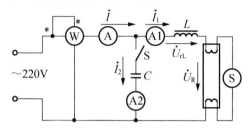

图 8.7　日光灯电路及功率因数的提高实验电路

1) 日光灯电路的组成

日光灯电路由灯管、镇流器、启辉器三部分组成，如图 8.8(a)所示。

灯管是一根细长的玻璃管，内壁均匀涂有荧光粉，管内充有水银蒸气和稀薄的惰性气体。在灯管的两端装有灯丝，在灯丝上涂有受热后易发射电子的氧化物。镇流器是一个带有铁心的电感线圈。启辉器的内部结构如图 8.8(b)所示，其中 1 是圆柱形外壳，2 是辉光管，3 是辉光管内部的倒 U 形双金属片，4 是固定触头，通常情况下双金属片和固定触头是分开的，5 是小容量的电容器，6 是插头。

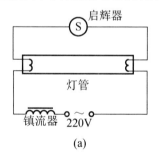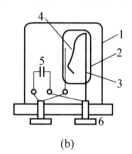

图 8.8　日光灯电路及启辉器的构造

1—外壳；2—辉光管；3—倒 U 形双金属片；4—固定触头；5—电容器；6—插头

2) 日光灯工作原理

当日光灯电路与电源接通后，220V 的电压不能使日光灯点燃，全部加在了启辉器两端。220V 的电压致使启辉器内两个电极辉光放电，放电产生的热量使倒 U 形双金属片受热形变后与固定触头接通。这时日光灯的灯丝与辉光管内的电极、镇流器构成一个回路。灯丝因通过电流而发热，从而使氧化物发射电子。辉光管内两个电极接通的同时，电极之间的电压立刻为零，辉光放电终止。辉光放电终止后，双金属片因温度下降而恢复原状，两电极脱离。在两电极脱离的瞬间，回路中的电流突然切断而为零，因此在铁心镇流器两端产生一个很高的感应电压，此感应电压和 220V 电压同时加在日光灯两端，立即使管内惰性气体分子电离而产生弧光放电，管内温度逐渐升高，水银蒸气游离，并猛烈地撞击惰性气体分子而放电。同时辐射出不可见的紫外线，而紫外线激发灯管壁的荧光物质发出可见光，即我们常说的日光。

日光灯一旦点亮后，灯管两端电压在正常工作时通常只需120V左右，这个较低的电压不足以使启辉器辉光放电。因此，启辉器只在日光灯点燃时起作用。一旦日光灯点亮，启辉器就会处于断开状态。日光灯正常工作时，镇流器和灯管构成了电流的通路，由于镇流器与灯管串联并且感抗很大，因此电源电压大部分降落在镇流器上，可以限制和稳定电路的工作电流，即镇流器在日光灯正常工作时起限流作用。

3) 多量程功率表的使用

功率表的电压线圈与电流线圈标有*的一端是同极性端，连线时连在电源的同一侧。功率表的两种接线方法如图8.9所示。

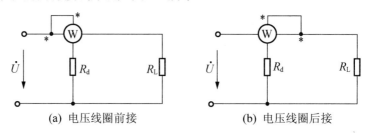

(a) 电压线圈前接　　　　(b) 电压线圈后接

图 8.9　功率表的两种接法

读数方法：功率表上不注明瓦数，只标出分格数，每分格代表的功率值由电压、电流量限 U_N 和 I_N 确定，即分格常数 C 为

$$C = \frac{U_N I_N}{\alpha_m}$$

则功率表的指示值

$$P = C\alpha$$

式中，α 为指针所指格数；α_m 为满格数

注意：功率表电路中，功率表电流线圈的电流、电压线圈的电压都不能超过所选的量限 I_N 和 U_N。

4) 实验步骤

(1) 按照实验原理图8.7连接实验线路。

(2) 断开电容，即只有日光灯管与镇流器相串联的感性负载支路与电源接通。日光灯点燃后，用万用表测量电路总电压 U、镇流器电压 U_{rL} 日光灯电压 U_R 电压，用毫安表测量日光灯支路的电流 I 和功率表的有功功率 P，结果记录在表8-9中。

表8-9　日光灯电路数据记录表

项　　目	测 量 数 据					计 算 数 据			
	U	U_{rL}	U_R	I	P	$\cos\varphi$	R	r	L
测量值									

(3) 电源电压保持 220V 不变。依次并联电容 2μF、3μF、4μF 和 5μF，观察并记录每一个电容值下的日光灯支路电流、电容支路的电流及总电流，观察功率表是否发生变化，数值全部记录在表 8-10 中。(注意日光灯支路的电流和电路总电流的变化情况。)

表 8-10 改善功率因数后日光灯电路数据记录表

项 目	并联 C	测 量 数 据				计 算 数 据	
		I	I_1	I_2	P	$\cos\varphi$	Q
1	2μF						
2	3μF						
3	4μF						
4	5μF						

(4) 对所测数据进行技术分析。分别计算出各电容值下的功率因数 $\cos\varphi$，并进行对比，判断电路在各 $\cos\varphi$ 下的性质(感性或容性)。

4. 问题与思考

(1) 通过实验，试述提高感性负载功率因数的原理和方法。

(2) 日光灯电路并联电容后，总电流减小，根据测量数据说明为什么当电容增大到某一数值时，总电流却又上升了？

8.6 三相交流电路

1. 实验目的

(1) 学习三相负载的星形联结和三角形联结方法。
(2) 掌握线电压与相电压，线电流与相电流的关系。
(3) 了解中线的均压作用。

2. 实验器材

三相四线交流电源(线电压 380V)，万用表 1 块，交流毫安表(500mA)3 只，白炽灯(15W)6 盏。

3. 实验内容和步骤

(1) 用试电笔找出三相四线制电源的相线与中线，并用万用表的交流电压挡测量其线电压、相电压的有效值。

(2) 按图 8.10(a)将三相负载按星形联结好，检查无误后，合上开关 QS 接通电源。

① 分别测量负载对称(S_1 闭合)有中线(S_0 闭合)和无中线(S_0 断开)两种情况下的线电压、相电压、中点电压及相电流、中线电流，将测量结果填入表 8-11 中。

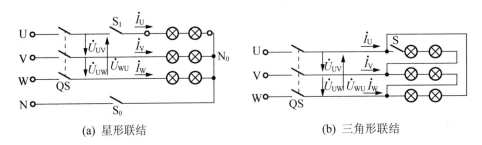

(a) 星形联结　　　　　　　　　　　　(b) 三角形联结

图 8.10　三相负载的联结

表 8-11　三相负载的星形联结测试

工作情况		线电压			相电压			中点电压	相电流			中线电流
		U_{UV}	U_{VW}	U_{WU}	U_{UN0}	U_{VN0}	U_{WN0}	U_{NN0}	I_U	I_V	I_W	I_N
负载对称	有中线											
	无中线											
负载不对称	有中线											
	无中线											
故障	U 相开路有中线											
	U 相开路无中线											
	U 相短路无中线											

② 负载不对称(S_1 仍闭合)情况,将 U 相负载取走 1 盏灯泡,使三相负载不对称。分别测量有中线(S_0 闭合)和无中线(S_0 断开)两种情况下的线电压、相电压、中点电压及相电流、中线电流,将测量结果填入表 8-11 中。

③ 故障情形。将 U 相负载断开(S_1 断开),分别测量有中线(S_0 闭合)和无中线(S_0 断开)两种情况下的线电压、相电压、中点电压及相电流、中线电流,将测量结果填入表 8-11 中。

④ 将 U 相负载短路,注意:一定要断开中线(S_0 断开),测量线电压、相电压、中点电压及相电流,将测量结果填入表 8-11 中。

(3) 按图 8.10(b)将负载按三角形联结接好。

① 测量负载对称时,各线电压、相电压、相电流、线电流。

② 测量 UV 相开路(S 断开)时,各线电压、相电压、相电流、线电流,将结果记入表 8-12 中。

表 8-12　三相负载的三角形联结测试

工作情况	线 电 压			线 电 流			相 电 流		
	U_{UV}	U_{VW}	U_{WU}	I_U	I_V	I_W	I_{UV}	I_{VW}	I_{WU}
对称									
UV 相开路									

4. 问题与思考

(1) 三相四线制中线内可否接入熔丝？为什么？

(2) 在三相 380V 电源上为什么照明负载只能采用三相四线制星形联结,而不能采用三角形联结,如果用三角形联结时有什么问题？为什么本实验中电灯可以采用三角形联结？

8.7　变压器绕组极性判别实验

1. 实验目的

掌握变压器同极性端的测试方法。

2. 实验仪器

单相小功率变压器 1 台,交流电压表、直流电压表各 1 块,数字式万用表 1 块,电流插箱及导线若干。

3. 实验内容及步骤

变压器的同极性端(同名端)是指通过各绕组的磁通发生变化时,在某一瞬间,各绕组上感应电动势或感应电压极性相同的端钮。根据同极性端钮,可以正确连接变压器绕组。

(1) 直流法测试同名端。

① 按照电路原理图 8.11(a)接线。直流电压的数值根据实验变压器的不同而选择合适的值,一般可选择 6V 以下数值。直流电压表先调至 20V 量程,注意其极性。

② 电路连接无误后,闭合电源开关,在 S 闭合的瞬间,一次侧电流由无到有,必然在一次侧绕组中引起感应电动势 e_{L1},根据楞次定律判断 e_{L1} 的方向应与一次侧电压参考方向相反,即下"－"上"＋"。S 闭合的瞬间,变化的一次侧电流的交变磁通不但穿过一次侧,而且由于磁耦合同时穿过二次侧,因此在二次侧也会引起一个互感电动势 e_{M2}。e_{M2} 的极性可由接在二次侧的直流电压表的偏转方向而定:当电压表正偏时,极性为上"＋"下"－",即与电压表极性一致;如果指针反偏,则表示 e_{M2} 的极性为上"－"下"＋"。

③ 把测试结果填入自制的表格中。

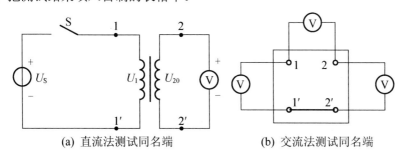

(a) 直流法测试同名端　　　(b) 交流法测试同名端

图 8.11　变压器同极性端的测试方法

(2) 交流法测试同名端。

① 按照电路原理图 8.11(b)接线。可在一次侧接交流电压源，电压的数值根据实验变压器的不同而选择合适的值。

② 电路原理图中 1′和 2′之间的黑色粗实线表示将变压器两侧的一对端子进行串联，可串接在两侧任意一对端子上。

③ 连接无误后接通电源。用电压表分别测量两绕组的一次侧电压、二次侧电压和总电压。如果测量结果为 $U_{12}=U_{11'}+U_{2'2}$，则导线相连的一对端子为异名端；若测量结果为 $U_{12}=U_{11'}-U_{2'2}$，则导线相连的一对端子为同名端。

④ 将测试结果填入自制的表格中。

4. 问题与思考

(1) 用直流法和交流法测得变压器绕组的同名端是否一致？为什么要研究变压器的同极性端？其意义如何？

(2) 你能从变压器绕组引出线的粗细区分一次、二次绕组吗？

【参考视频】

8.8 三相异步电动机的继电器–接触器控制

1. 实验目的

(1) 熟悉按钮开关、交流接触器、热继电器的构造，工作原理和接线方法。
(2) 掌握异步电动机的基本控制电路的连接方法。

2. 实验器材

三相异步电动机 1 台，开关按钮 3 个，交流接触器 2 个，万用表 1 块，导线若干。

3. 实验内容与步骤

(1) 了解交流接触器、按钮等控制电器结构及动作原理。

(2) 在断开电源的情况下，用万用表判断交流接触器的线圈、常开触点及常闭触点对应的接线柱，检查接触器的常开和常闭触点时，可用手将其铁心反复按下和松开，若触点接触良好，则应无接触电阻。

(3) 根据电力网线电压和各相绕组的工作电压，正确选择定子绕组的联结方式(图 8.12)。目前我国生产的三相异步电动机，功率在 4kW 以下者一般采用星形联结法，在 4kW 以上者采用三角形联结法。

(4) 异步电动机的直接起动控制。

① 仔细弄清楚图 8.13(a)和图 8.13(b)所示点动控制，在断电的情况下，按图接线，确保无误后，方可送电。观察交流接触器和电动机的动作情况。

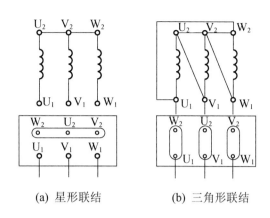

(a) 星形联结　　　　(b) 三角形联结

图 8.12　定子绕组的联结

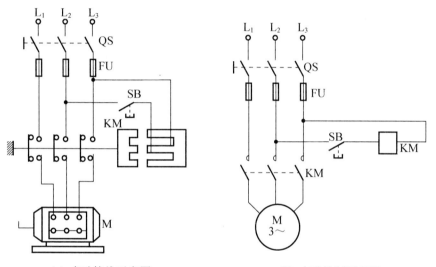

(a) 点动接线示意图　　　　(b) 点动控制原理图

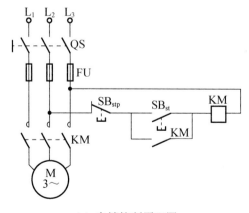

(c) 自锁控制原理图

图 8.13　电动机的直接起动控制电路

【参考视频】

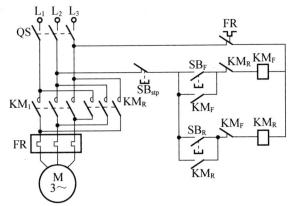

(d) 正反转控制原理图

图 8.13　电动机的直接起动控制电路(续)

② 在交流接触器上找出能够实现图 8.13(c)中自锁控制的触点，按图接线，确保无误后送电。观察自锁触点的作用。

③ 异步电动机的正反转控制。在断电的情况下，按图 8.13(d)接线，确保无误后送电。按下正转起动按钮 SB_F，若正常，可按停止按钮 SB_{stp}，再按反转起动按钮 SB_R，电动机改变旋转方向。体会接触器的联锁控制作用。

注意：检查线路时，要先检查主电路，再检查控制回路。

4. 问题与思考

(1) 能用万用表判断交流接触器和按钮的好坏吗？如何判断？

(2) 简述正反转控制的操作过程，解释自锁触点、联锁触点在线路中的作用。

8.9　验电器、钳形电流表和兆欧表的使用

1. 实训目的

(1) 能够正确使用电工工具，安全操作。

(2) 了解常用电工仪表的结构、工作原理、选择及使用方法。

(3) 掌握常用电工工具和仪表的应用范围、维护。

2. 实训内容

1) 验电器

验电器是用来判断电气设备或线路上有无电源存在的器具，分为低压和高压两种。

(1) 低压验电器的使用方法。

① 必须按照图 8.14 所示方法握妥笔身，并使氖管小窗背光朝向自己，以便于观察。

② 为防止笔尖金属体触及人手，在螺钉旋具试验电笔的金属杆上，必须套上绝缘套管，仅留出刀口部分供测试需要。

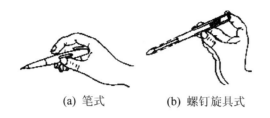

(a) 笔式　　　　　(b) 螺钉旋具式

图 8.14　低压验电笔握法

③ 验电笔不能受潮，不能随意拆装或受到严重振动。

④ 应经常在带电体上试测，以检查是否完好。不可靠的验电笔不能使用。

⑤ 检查时如果氖管内的金属丝单根发光，则是直流电；如果是两根都发光则是交流电。

(2) 高压验电器的使用方法。

① 使用时应两人操作，其中一人操作，另一个人进行监护。

② 在户外时，必须在晴天的情况下使用。

③ 进行验电操作的人员要戴上符合要求的绝缘手套，并且握法要正确。高压验电器握法如图 8.15 所示。

④ 使用前应在带电体上试测，以检查是否完好。不可靠的验电器不准使用。高压验电器应每六个月进行一次耐压试验，以确保安全。

2) 钳形电流表

钳形电流表是一种能在不断电的情况下测量电流的便携式电流表，如图 8.16 所示。

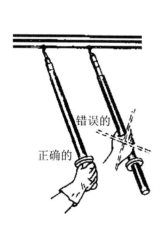

图 8.15　高压验电器握法

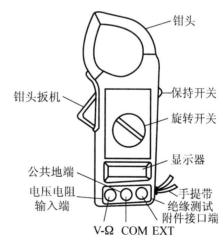

图 8.16　钳形电流表示意图

【参考视频】

优点：不用切断电流就可测量电流。例如，测量运行中的交流电动机的工作电流，从而了解其工作状况。

缺点：准确度较低，只有 2.5 级和 5.0 级两种。

分类：互感器式钳形电流表、电磁式钳电流表。

（1）互感器式钳形电流表。

组成：电流互感器、整流式的电流表。

原理：捏紧钳形电流表的把手，使铁心张开，将通有被测电流的导线放入钳口。松开把手后使铁心闭合，通有被测电流的导线相当于电流互感器的一次线圈，在二次侧就会产生感应电流，该电流经整流后被送到磁电式的表头里，显示出被测电流的大小。电流表的标度是按一次侧电流刻度的，所以仪表的读数就是被测导线中的电流值。

测量范围：只能测直流。

（2）电磁式钳形电流表。

组成：主要电磁系测量机构。

原理：处在铁心钳口中的导线相当于电磁系测量机构中的线圈。当被测电流通过导线时，在铁心中产生磁场，使可动铁片磁化，产生电磁推力，带动指针偏转，指示出被测电流的大小。

测量范围：交、直流。特别是测量运行中的绕线式异步电动机的转子电流，因转子电流的频率很低，若用互感器式钳形电流表则无法测出其具体数值，此时只能采用电磁式钳形电流表。

（3）钳形电流表的正确使用。

① 测量前先估计被测电流的大小，选择合适的量程。若无法估计被测电流的大小，则应从最大量程开始，逐步换成合适的量程。转换量程应在退出导线后进行。

② 测量时应将被测载流导线放在钳口的中央，以免增大误差。

③ 钳口要结合紧密。若发现有杂声，应检查钳口结合处是否有污垢存在。如有则要用煤油擦干净后再进行测量。

④ 测量 5A 以下的较小电流时，为使读数准确，在条件许可的情况下，可将被测导线多绕几圈再放入钳口进行测量，被测的实际电流值就等于仪表的读数除以放进钳口中导线的圈数。

⑤ 测量完毕，一定要将仪表的量程开关置于最大量程位置，以防下次使用时，由于使用者疏忽而造成仪表损坏。

3）兆欧表

兆欧表俗称摇表，是用来测量大电阻和绝缘电阻的，它的计量单位是 MΩ(兆欧)，故称兆欧表。兆欧表的种类有很多，但其作用大致相同，常用 ZC11 型兆欧表，其外形如图 8.17 所示。

【参考视频】

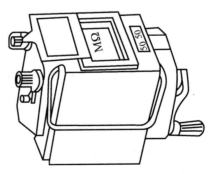

图 8.17　ZC11 型兆欧表的外形

　　电器设备或供电线路的绝缘材料在经过一段时间的使用后，会产生老化现象，使得它们的绝缘性能下降，而绝缘材料绝缘性能好坏就是通过它的绝缘电阻来体现的。绝缘性能好则绝缘电阻就大，反之就小。要想知道设备的绝缘情况就要测量绝缘电阻。因为电器设备或供电线路的绝缘电阻数值都非常大，一般在几十兆欧至几百兆欧，在这个范围内万用表的读数很不准确，会造成很大的误差；另外，万用表的内部电源电压太低，而在低压下测量的绝缘电阻不能真正反映高压作用下的绝缘电阻的真正数值，所以，不能用万用表测绝缘电阻的数值。而兆欧表本身能产生一个与电器设备或供电线路的工作电压相适应的电压，故可以用兆欧表测量绝缘电阻。

　　(1) 绝缘电阻的测量方法。兆欧表有三个接线柱，上端两个较大的接线柱上分别标有"接地"(E)和"线路"(L)，在下方较小的一个接线柱上标有"保护环"(或"屏蔽")(G)。

　　① 测量线路对地的绝缘电阻。将兆欧表的"接地"接线柱(即 E 接线柱)可靠地接地(一般接到某一接地体上)，将"线路"接线柱(即 L 接线柱)接到被测线路上，如图 8.18(a)所示。连接好后，顺时针摇动兆欧表，转速逐渐加快，保持在约 120r/min后匀速摇动，当转速稳定，表的指针也稳定后，指针所指示的数值即为被测物的绝缘电阻值。

　　实际使用中，E、L 两个接线柱也可以任意连接，即 E 接线柱可以与被测物相连接，L 接线柱可以与接地体连接(即接地)，但 G 接线柱决不能接错。

　　② 测量电动机的绝缘电阻。将兆欧表 E 接线柱接机壳(即接地)，L 接线柱接到电动机某一相的绕组上，如图 8.18(b)所示，测出的绝缘电阻值就是某一相的对地绝缘电阻值。

　　③ 测量电缆的绝缘电阻。测量电缆的导电线芯与电缆外壳的绝缘电阻时，将 E接线柱与电缆外壳相连接，L 接线柱与线芯连接，同时将 G 接线柱与电缆壳、芯之间的绝缘层相连接，如图 8.18(c)所示。

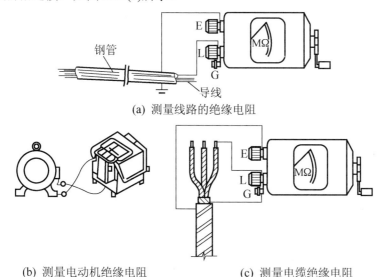

(a) 测量线路的绝缘电阻

(b) 测量电动机绝缘电阻　　　　　　(c) 测量电缆绝缘电阻

图 8.18　兆欧表的接线方法

【参考视频】

(2) 使用注意事项。

① 使用前应作开路和短路试验。使 L、E 两接线柱处在断开状态，摇动兆欧表，指针应指向"∞"；将 L 和 E 两个接线柱短接，慢慢地转动兆欧表，指针应指向在"0"处。这两项都满足要求，说明兆欧表是好的。

② 测量电气设备的绝缘电阻时，必须先切断电源，然后对设备进行放电，以保证人身安全和测量准确。

③ 兆欧表测量时应放在水平位置，并用力按住兆欧表，防止在摇动中晃动，摇动的转速为 120r/min。

④ 引接线应采用多股软线，而且要有良好的绝缘性能，两根引线切忌绞在一起，以免造成测量数据的不准确。

⑤ 测量完成后应立即对被测物放电，在摇表的摇把未停止转动和被测物未放电前，不可用手去触及被测物的测量部分或拆除导线，以防触电。

8.10　三相异步电动机的降压起动实验

1. 实验目的

(1) 熟悉实际电动机控制线路的连接，初步掌握三相异步电动机绕组的首、尾端判别方法及外引线连接方法。

(2) 掌握三相异步电动机起动瞬间电流的测量方法。

(3) 了解钳形电流表的使用。

2. 实验主要设备

三相异步电动机两台，三相自耦补偿器一台，丫-△起动手动装置一个，兆欧表、钳形电流表、万用表、电流表各一块，电源控制装置及若干导线。

3. 实验原理及实验步骤

1) 实验原理

(1) 丫-△降压起动原理图如图 8.19 所示

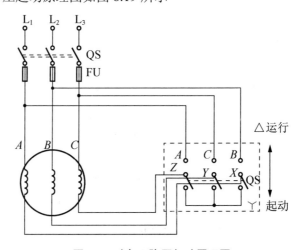

图 8.19　丫-△降压起动原理图

(2) 自耦补偿降压起动原理图如图 8.20 所示。

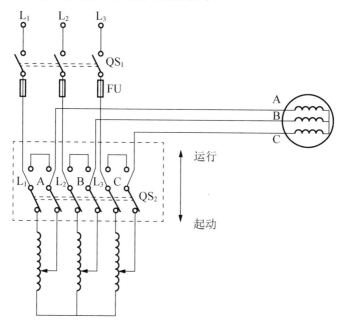

图 8.20 自耦补偿降压起动原理图

2) 实验内容及步骤

(1) 三相绕组的判别及首、尾端的确定。

① 三相绕组的判别。利用万用表的欧姆挡，对三相异步电动机定子绕组引出线接线端进行测量，可以判别三相绕组。具体方法是用万用表的一只表笔固定一个接线端，另一只表笔分别与其他接线端接触，若有一个接线端使万用表读数接近零，则此两个端子为一相绕组。用相同的方法可以确定另外两相绕组。

② 三相绕组首、尾端的确定。三相异步电动机定子绕组的引出接线端一般如图 8.21(a)所示。定子绕组可以接成丫形或△形两种，分别如图 8.21(b)、图 8.21(c)所示。采用哪种接线则要根据电动机铭牌及电压等级来决定。

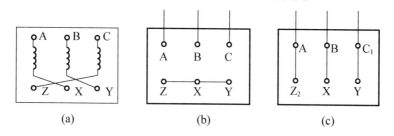

(a)   (b)   (c)

图 8.21 绕组判别及首、尾端的确定

当三相异步电动机因为检修或其他原因，出现不规则排列时，要通过实验来判别各相绕组的首尾端。其判别方法如下：首先用万用表将三相绕组确定下来，把属于两个绕组的其中两个接线端短接，剩下两个端子接交流电压表，如图 8.22 所示。把调压器的输出电压接在第三绕组两端，逐渐提高调压器的输出电压，使第三绕组中的电流约等于电动机额定电流的一半时止。如果电压表的读数为零，则相短接的是两个绕组的同极性端，定为绕组的首端(或末端)；如果电压表有读数，则是两个异极性端相接，即一相绕组为首端，另一相绕组为末端。再换另外一相绕组，按上述方法再判断一次，即可确定出三相绕组的首、末端。

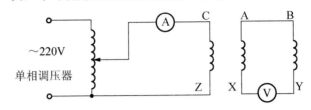

图 8.22　判断各相绕组首尾端的实验电路图

(2) 三相异步电动机的降压起动。由于三相异步电动机的起动电流较大，通常为额定电流的 4~7 倍，因此起动时间虽短，但可能使供电线路上的电流超过正常值，增大线路电压，使负载端电压降低，甚至造成同一电网上的其他用电设备不能正常工作或受到影响，这时应考虑降压起动。

① Y-△降压起动。按实验原理图连线。注意手动Y-△起动器内部触点的连接方法。线路接好无误后即可通电，Y形起动通电瞬间利用测量装置观测起动瞬间的电流表指针偏转情况，与正常△形运行时的稳定电流进行比较，并记录下来。

② 自耦补偿降压起动。按实验原理图连线。注意操作手柄的操作方法。线路接好无误后即可通电，降压起动时用钳形电流表观测起动瞬间的指针偏转情况，与正常稳定运行情况下的指针偏转情况进行比较，并记录下来。

4. 问题与思考

(1) 由实验观测到的数据，电动机起动电流是正常运转情况下电流的多少倍？

(2) 对比两种降压起动方法，说一说各自的优、缺点。

(3) Y-△降压起动能否用在正常工作下Y形接法的电动机？

8.11　配盘实训

1. 实训目的

(1) 使学生初步掌握最基本的电工操作技能。

(2) 培养学生分析问题和解决问题的能力。

(3) 提高实际动手能力。

2. 实训内容

1) 配电盘的制作

家用配电盘是供电和用户之间的中间环节，通常也称为照明配电盘。

配电盘的盘面一般固定在配电箱的箱体里，是安装电器元件用的。其制作主要步骤如下。

(1) 盘面板的制作。根据设计要求来制作盘面板。一般家用配电板的电路如图 8.23 所示。

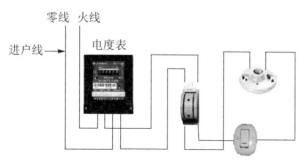

图 8.23　家用配电板的电路图

根据配电线路的组成及各器件规格来确定盘面板的长度尺寸，盘面板四周与箱体边之间应有适当缝隙，以便在配电箱内安装固定，并在板后加框边，以便在反面布设导线。为节约木材，盘面板的材质已广泛采用塑料。

电器排列的原则如下：

① 将盘面板放平，全部元器件、电器、装置等置于上面，先进行实物排列。一般将电度表装在盘面的左边或上方，刀闸开关装在电度表下方或右边，回路开关及灯座要相互对应，放置的位置要便于操作和维护，并使面板的外形整齐美观。注意：一定要火线进开关。

② 各电器排列的最小间距应符合电气距离要求，除此之外，各器件、出线口、距盘面的四周边缘的距离均不得小于 30mm。总之，盘面布置要求安全可靠、整齐、美观，便于加电测试和观察。

(2) 盘面板的加工。按照电器排列的实行位置，先标出每个电器的安装孔和出线孔(间距要均匀)，然后进行盘面板的钻孔(如采用塑料板，应先钻一个 ϕ3mm 的小孔，再用木螺钉装固定电器)和盘面板的刷漆，待漆干后，在出线孔套上瓷管头(适用于木质和塑料盘面)或橡皮护套(适用于铁质盘面)以保护导线。

(3) 电器的固定。待盘面板加工好以后，将全部电器摆正固定，用木螺钉将电器固定牢靠。

(4) 盘面板的配线。

① 导线的选择：根据电度表和电器规格、容量及安装位置，按设计要求选取导线截面和长度。

② 导线敷设：盘面导线须排列整齐，一般布置在盘面板的背面。盘后引入和引出的导线应留出适当的余量，以便于检修。

③ 导线的连接：导线敷设好后，即可将导线按设计要求依次正确、可靠地把电器元件进行连接。

(5) 盘面板的安装要求。

① 电源连接：垂直装设的开关或刀闸开关等设备的上端接电源，下端接负载；横装的设备左侧(面对配电板)接电源，右侧接负载。

② 接火线和零线：按照左零右火的原则排列。

③ 导线分色：火线和零线一般不采用相同颜色的导线，通常火线用红色导线，零线采用其他较深颜色的导线。

(6) 如有条件，可最后制作配电箱体。箱体形状和外表尺寸一般应符合设计要求，或根据安装位置及电器容量、间距、数量等条件进行综合考虑选择适当的箱体。

(7) 盘面电器单相电度表简介。单相电度表是累计用户一段时间内消耗电能多少的仪表，其下方接线盒内有四个接线柱，从左至右按 1、2、3、4 编号。连接时按编号 1、3 作为进线，其中 1 接火线，3 接零线；2、4 作为电度表出线，2 接火线，4 接零线。具体接线时，还要以电度表接线盒内侧的线路图为准。

(8) 刀闸开关的安装。刀闸开关主要用于控制用户电路的通断。安装刀闸开关时，操作手柄要朝上，不能倒装，也不能平装，以避免刀闸手柄因自重而下落，引起误合闸而造成事故。

2) 综合盘的制作

所谓综合盘，就是在一个盘面上安装一盏白炽灯座和两个控制白炽灯通、断的双联开关，一个单相五孔插座，一个电视电话插口和一个网线插口，其盘面布置框图如图 8.24 所示。

图 8.24　综合盘盘面布置框图

(1) 双联开关控制的照明电路安装。电路控制原理如图 8.25 所示，两只双联开关在两个地方控制一盏灯的线路通常用在楼梯或走廊。

控制线路中一个最重要的环节就是火线必须进开关。零线直接连到灯座连接螺纹圈的接线柱上(如果是卡口灯座时可把零线连接在任意一个灯口的接线柱上)。

火线的连线路径：火线连接于双联开关 1 的动触头的固定端，再从另一个动触头的固定端连接到灯座中心簧片的连线柱上。连线位置可看图 8.26 所示的盘后走线图。

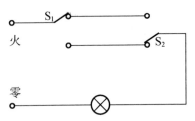

图 8.25　双联开关控制的照明电路

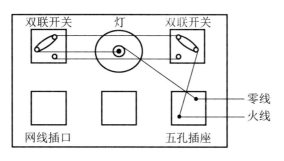

图 8.26　综合盘后连线图例

(2) 五孔插座的安装。进行插座接线时，每一个插座的接线柱上只能接一根导线，因为插座接线柱一般都很小，原设计只接一根导线，如硬要连接多根导线，当其中一根导线发生松动时，必会影响其他插座的正常使用；另外，若接线柱上连接插座超过一只，当一个插座工作时，另一个插座也会跟着发热，轻者对相邻插座寿命产生影响，发热严重时还可能烧坏插座接线柱。

对家庭安装来讲，插座的安装位置一般应离地面 30cm。卫生间、厨房插座高度另定。卫生间要安装防溅型插座，浴缸上方三面不宜安装插座，水龙头上方不宜安装插座。燃气表周围 15cm 以内不能安装插座。燃具与电器设备属错位设置，其水平净安装距离不得小于 50cm。

安装单相三眼插座时，面对插座正面位置，正确的方法是把单独一眼放置在上方。而且让上方一眼接地线，下方两眼的左边一眼接零线，右边一眼接火线，这就是常说的左零右火。安装两眼插座时，左边一眼接零线，右边一眼接相线，不能接错。否则，用电器的外壳会带电，或打开用电器时外壳会带电，易发生触电事故。

家用电器一般忌用两眼电源插座。尤其是台扇、落地风扇、洗衣机、电冰箱等，均应采用单相三眼插座。安装浴霸、电暖器时不得使用普通开关，应使用与设备电流相配的带有漏电保护的专门开关。

附 录 A

常用元件的识别与检测

A.1 电阻器的简单识别与测试

1. 电阻器的命名

电阻器是电子线路中应用最广泛的一种元件。其主要作用是稳定和调节电路中的电流和电压，还可以作为分流器，分压器和消耗电能的负载等。其命名方法详见表 A-1。

表 A-1 电阻器的命名方法

第一部分		第二部分		第三部分		第四部分
用字母表示主称		用字母表示材料		用字母表示特征		用数字表示序号
符 号	意 义	符 号	意 义	符 号	意 义	
		T	炭膜	2	普通	包括
		P	硼膜	3	超高频	额定功率
		U	硅膜	4	高阻	阻值
		C	沉积膜	5	高温	允许误差
		H	合成膜	7	精密	精度等级
		I	玻璃釉膜	8	电阻器—高压	
R	电阻器	J	金属膜		电位器—特殊函数	
R_P	电位器	Y	氧化膜	9	特殊	
		S	有机实心	G	高功率	
		N	无机实心	T	可调	
		X	线绕	X	小型	
		R	热敏	L	测量用	
		G	光敏	W	微调	
		M	压敏	D	多圈	

电阻器的阻值和误差,一般都用数字标印在电阻器上,但体积很小的电阻器和一些合成电阻器其阻值和误差常用色环表示,见表 A-2。它是在靠近电阻体的一端画有四道或五道(精密电阻)色环。其中第一道色环、第二道色环及精密电阻的第三道色环都表示其相应位数的数字,其后的一道色环表示前面数字的倍乘数,最后一道色环表示阻值的容许误差。各道色环的意义如图 A.1 所示。

表 A-2 色环颜色的意义

颜 色	有效数字第一位	有效数字第二位	倍 乘 数	允许误差/(%)
棕	1	1	10^1	±1
红	2	2	10^2	±2
橙	3	3	10^3	—
黄	4	4	10^4	—
绿	5	5	10^5	±0.5
蓝	6	6	10^6	±0.25
紫	7	7	10^7	±0.1
灰	8	8	10^8	—
白	9	9	10^9	—
黑	0	0	10^0	—
金	—	—	10^{-1}	±5
银	—	—	10^{-2}	±10
无色	—	—	—	±20

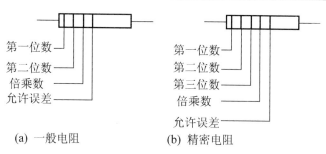

(a) 一般电阻　　　　(b) 精密电阻

图 A.1 阻值和误差的色环标记

2. 电阻器的简单测试

首先将万用表的功能转换开关置"Ω"挡,量程转换开关置合适挡位。将两根测试表笔短接,表头指针应在刻度线零点,若不在零点,则要调节"Ω"旋钮(零欧姆调整电位器)回零。调零后,即可将被测电阻串接于两根表笔之间,此时表头指针偏转,待稳定后可从刻度线上直接读出所示数值,再乘以事先所选择的量程,即可得到被测电阻的阻值。当另换一量程时,必须再次短接两测试表笔,重新调零。

要注意的是,在测电阻时,不能用双手同时捏电阻或测试表笔,因为这样的话,人体电阻将与被测电阻并联,表头上的指示值就不单纯是被测电阻的阻值了。当测量精度要求较高时,采用电阻电桥来测电阻。

A.2 电容器的简单识别与测试

电容器是一种储能元件，在电路中用于调谐、滤波、耦合、旁路、能量转换和延时等。其型号及命名方法见表 A-3。

表 A-3 电容器的型号及命名法

第一部分		第二部分		第三部分		第四部分
用字母表示主称		用字母表示材料		用字母表示特征		用字母或数字表示序号
符号	意义	符号	意 义	符号	意 义	
C	电容器	C	瓷介	T	铁电	包括品种、尺寸、代号、温度特性、直流工作电压、标称值、允许误差、标准代号
		I	玻璃釉	W	微调	
		O	玻璃膜	J	金属化	
		Y	云母	X	小型	
		V	云母纸	S	独石	
		Z	纸介	D	低压	
		J	金属化纸	M	密封	
		B	聚苯乙烯	Y	高压	
		F	聚四氟乙烯	C	穿心式	
		L	涤纶(聚酯)			
		S	聚碳酸酯			
		Q	漆膜			
		H	纸膜复合			
		D	铝电解			
		A	钽电解			
		G	金属电解			
		N	铌电解			
		T	钛电解			
		M	压敏			
		E	其他材料电解			

1. 电容容量的标注方法

电容容量的标法方法有直标法、文字标志法、数字表示法和色标法 4 种。

(1) 直标法。直标法就是直接在器件上标明容量的大小。

(2) 文字标志法。采用文字符号标志电容容量时，将容量的整数部分写在容量单位标志符号的前面，小数部分放在容量单位符号的后面。例如，0.68pF 标志为 p68，3.3pF 标志为 3p3，1000pF 标志为 1n，6800pF 标志为 6n8，2.2μF 标志为 2u2 等。

(3) 数字表示法。采用数字标志容量时用三位整数，第一、二位为有效数字，第三位表示有效数字后面加零的个数，单位为 pF(皮法)。如"223"表示该电容器的容量为 22000pF。需要注意的是当第三个数为 9 时为特例，如"339"表示的容量不是 $33 \times 10^9\,\text{pF}$，而是 $33 \times 10^{-1}\,\text{pF}$。

(4) 色标法。电容器的色标法原则上与电阻器的色标法相同，单位为 pF。

2. 误差的标注方法

误差的标注方法有以下 3 种。

(1) 将容量的允许误差直接标在电容器上。

(2) 用罗马数字"Ⅰ""Ⅱ""Ⅲ"分别表示 ±5%、±10%、±20%。

(3) 用英文字母表示误差等级。用 J、K、M、N 分别表示 ±5%、±10%、±20%、±30%，用 D、F、G 分别表示 ±0.5%、±1%、±2%，用 P、S、Z 分别表示 +100%～0%、+50%～-20%、+80%～-20%。

3. 电容器质量优劣的简单测试

用万用表的电阻挡($R\times100$ 或 $R\times1k$ 挡)，将表笔接触电容器的两引线，刚搭上时，表头指针发生摆动，然后逐渐返回趋向 $R=\infty$，这就是电容器充放电现象(对 0.1 μF 以下的电容观察不到此现象)，说明该电容器正常。若表指针指到或靠近欧姆零点，则说明电容器内部短路；若表针不动，始终指向 ∞ 处，则说明电容器内部开路或失效。

A.3　电感器的简单识别与测试

1. 电感器的分类

电感器一般由线圈构成。为了增加电感量，提高品质因素和减小体积，通常在线圈中加入软磁材料的磁芯。根据电感器的电感量是否可调，电感器分为固定、可变和微调电感器。根据电感器的结构可分为带磁芯、铁心和磁芯有间隙的电感器等。

2. 电感器的简单测试

当怀疑电感器在印制电路板上开路或短路时，可采用万用表的 $R\times1k$ 挡，在停电的状态下，测试电感器两端的阻值。一般高频电感器的直流内阻在零点几欧姆到几欧姆之间；低频电感器的内阻在几百欧姆至几千欧姆之间；中频电感器的内阻在几欧姆到几十欧姆之间。测试时要注意，有的电感线圈数少或线径粗，直流电阻很小，即使用万用表的 $R\times10$ 挡进行测试，阻值也可能为零，这属于正常现象(可用数字式万用表测量)。如果阻值很大或为无穷大时，表明该电感器已经开路。

附 录 C

常用电工工具的使用

1. 常用电工工具的使用

1) 螺钉旋具的用途及操作方法

螺钉旋具俗称为螺丝起子、螺丝刀、改锥等，用来紧固或拆卸螺钉。它的种类很多，按照头部的形状的不同，常见的可分为一字和十字两种；按照手柄的材料和结构的不同，可分为木柄、塑料柄、夹柄和金属柄四种；按照操作形式可分为自动、电动和风动等形式。

(1) 十字螺钉旋具：实物如图 C.1 所示。

十字螺钉旋具主要用来旋转十字槽形的螺钉、木螺钉和自攻螺钉等。产品有多种规格，通常说的大、小螺钉旋具是用手柄以外的刀体长度来表示的，常用的有 100mm、150mm、200mm、300mm 和 400mm 等几种。使用时应注意根据螺钉的大小选择不同规格的螺钉旋具。使用十字螺钉旋具时，应注意使旋杆端部与螺钉槽相吻合，否则容易损坏螺钉的十字槽。

图 C.1　十字螺钉旋具

(2) 一字螺钉旋具：实物如图 C.2 所示。

一字螺钉旋具主要用来旋转一字槽形的螺钉、木螺钉和自攻螺钉等。产品规格与十字螺钉旋具类似，常用的也有 100mm、150mm、200mm、300mm 和 400mm 等几种。使用时应注意根据螺钉的大小选择不同规格的螺钉旋具。若用型号较小的螺钉旋具来旋拧大号的螺钉很容易损坏螺钉旋具。

步骤二：加热焊件，如图 B.2(b)所示。

烙铁头靠在两焊件的连接处，加热整个焊件全体，时间为 1～2s。对于在印制板上焊接元器件来说，要注意使烙铁头同时接触两个被焊接物。例如，图 B.2(b)中的导线与接线柱、元器件引线与焊盘要同时均匀受热。

步骤三：送入焊丝，如图 B.2(c)所示。

焊件的焊接面被加热到一定温度时，焊锡丝从烙铁对面接触焊件。注意：不要把焊锡丝送到烙铁头上。

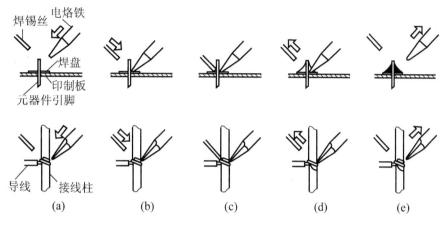

图 B.2　手工焊接步骤

步骤四：移开焊丝，如图 B.2(d)所示。

当焊丝熔化一定量后，立即向左上 45°方向移开焊丝。

步骤五：移开烙铁，如图 B.2(e)所示。

焊锡浸润焊盘和焊件的施焊部位以后，向右上 45°方向移开烙铁，结束焊接。从第三步开始到第五步结束，时间为 1～2s。

3．焊点的检查

对焊点的质量要求，应该包括电气接触良好、机械结合牢固和美观三个方面。保证焊点质量最重要的一点，就是必须避免虚焊。

一般来说，造成虚焊的主要原因是：焊锡质量差；助焊剂的还原性不良或用量不够；被焊接处表面未预先清洁好，镀锡不牢；烙铁头的温度过高或过低，表面有氧化层；焊接时间掌握不好，太长或太短；焊接中焊锡尚未凝固时，焊接元件松动。

附录 B

【参考视频】

焊接相关技能

1. 焊接操作者握电烙铁的方法

反握法：如图 B.1(a)所示，适合于较大功率(大于 75W)的电烙铁对大焊点的焊接操作。

正握法：如图 B.1(b)所示，适用于中功率的电烙铁及带弯头的电烙铁的操作，或直烙铁头在大型机架上的焊接。

笔握法：如图 B.1(c)所示，适用于小功率的电烙铁焊接印制板上的元器件。

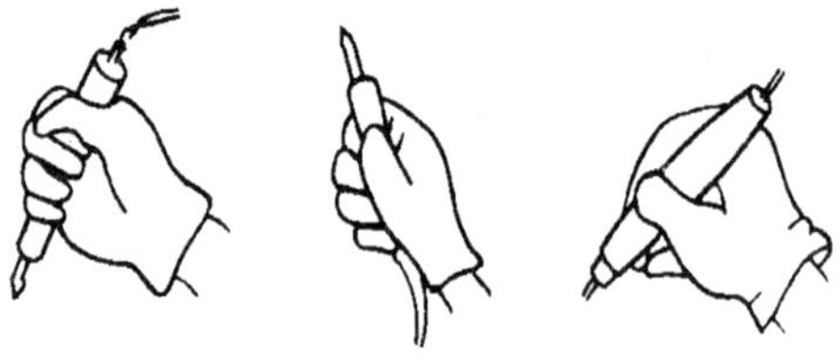

(a) 反握法　　(b) 正握法　　(c) 笔握法

图 B.1　电烙铁的握法

注意：用完电烙铁后，一定要稳妥地将其插放在烙铁架上，并注意导线及其他杂物不要碰到烙铁头，以免烫伤导线，造成漏电等事故。由于焊锡丝中含有一定比例的铅，而铅是对人体有害的一种重金属，因此操作时应该戴手套或在操作后洗手，避免食入铅尘。

2. 手工焊接操作的基本步骤

掌握好电烙铁的温度和焊接时间，选择恰当的烙铁头和焊点的接触位置，才可能得到良好的焊点。正确的手工焊接操作过程可以分成五个步骤，如图 B.2 所示。

步骤一：准备施焊，如图 B.2(a)所示。

左手拿焊丝，右手握烙铁，进入备焊状态。要求烙铁头保持干净，无焊渣等氧化物，并在表面镀有一层焊锡。

图 C.2　一字螺钉旋具

(3) 螺钉旋具的具体使用方法：

① 螺钉旋具上的绝缘柄应绝缘良好，以免造成触电事故。

② 螺钉旋具的正确握法如图 C.3 所示。

③ 使用时应使螺钉旋具头部顶紧螺钉槽口，以防打滑而损坏槽口。

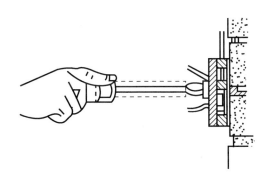

(a)大螺钉旋具的用法　　　　　　　　(b) 小螺钉旋具的用法

图 C.3　螺钉旋具的具体使用方法

2) 验电笔的使用方法

验电笔的实物如图 C.4 所示。这里主要介绍低压验电笔的使用。低压验电笔常用螺钉旋具式验电器和笔式验电笔，它们的正确握法分别如图 C.5(a)和图 C.5(b)所示。

图 C.4　验电笔

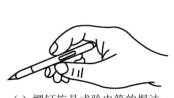 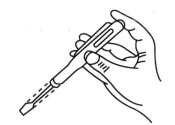

(a) 螺钉旋具式验电笔的握法　　　　　　(b) 笔式验电笔的握法

图 C.5　验电笔的握法

低压验电器能检查低压线路和电气设备外壳是否带电。为便于携带，低压验电器通常做成笔状(故称验电笔)，前段是金属探头，内部依次装安全电阻、氖管和弹簧。弹簧与笔尾的金属体相接触。使用时，手应与笔尾的金属体相接触。验电笔的测电压范围为 60～500V(严禁测高压电)。使用前，务必先在正常电源上验证氖管能否正常发光，以确认验电笔验电可靠。由于氖管发光微弱，在明亮的光线下测试时，应当避光检测。

检测线路或电气设备外壳是否带电时，应当手指触及其尾部金属体，氖管背光朝向使用者，以便验电时观察氖管辉光情况。

当被测带电体与大地之间的电位差超过 60V 时，用验电笔测试带电体，验电笔中的氖管就会发光。

对验电笔的使用要求如下：

① 使用前应在确有电源处测试检查验电笔，确认验电笔良好后方可使用。

② 验电时应将验电笔逐渐靠近被测体，直至氖管发光。只有在氖管不发光时，并在采取防护措施后，才能与被测物体直接接触。

3) 钢丝钳的用途及操作方法

钢丝钳的主要用途是用手夹持或切断金属导线，带刃口的钢丝钳还可以用来切断钢丝。钢丝钳的规格有 150mm、175mm、200mm 三种，均带有橡胶绝缘套管，可适用于 500V 以下的带电作业。图 C.6 所示为钢丝钳实物。

图 C.6　钢丝钳

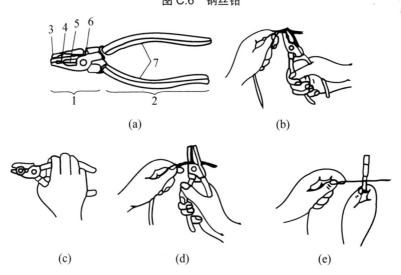

(a)　　　　　　　　　　　　(b)

(c)　　　　　　(d)　　　　　　(e)

图 C.7　钢丝钳的操作方法

1—钳头；2—钳柄；3—钳口；4—齿口；5—刀口；6—铡口；7—绝缘套

图 C.7 所示为钢丝钳的操作方法简图。图 C.7(a)所示为钢丝钳结构，图 C.7(b)所示为用钢丝钳弯绞导线，图 C.7(c)所示为用钢丝钳紧固螺母，图 C.7(d)所示为用钢丝钳剪切导线，图 C.7(e)所示为用钢丝钳侧切钢丝。

使用钢丝钳时应注意以下事项：

(1) 使用钢丝钳前，应注意保护绝缘套管，以免划伤失去绝缘作用。绝缘手柄的绝缘性能良好是保证带电作业时的人身安全的关键。

(2) 用钢丝钳剪切带电导线时，严禁用刀口同时剪切相线和零线，或同时剪切两根相线，以免发生短路事故。

(3) 不可将钢丝钳当锤使用，以免刀口错位、转动轴失圆，影响正常使用。

4) 尖嘴钳的用途及操作方法

尖嘴钳(图 C.8)也是电工(尤其是内线电工)常用的工具之一。尖嘴钳的主要用途是夹捏工件或导线，或用来剪切线径较细的单股与多股线，以及给单股导线接头弯圈、剥塑料绝缘层等。尖嘴钳特别适宜于狭小的工作区域，规格有 130mm、160mm、180mm 三种。电工用的尖嘴钳带有绝缘导管。有的尖嘴钳带有刃口，可以剪切细小零件。尖嘴钳的使用方法及注意事项与钢丝钳基本类同。尖嘴钳的握法如图 C.9 所示。

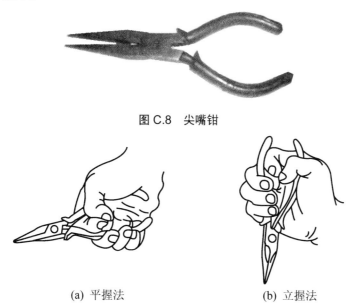

图 C.8　尖嘴钳

(a) 平握法　　　　　　　　　(b) 立握法

图 C.9　尖嘴钳的操作方法

5) 电工刀的用途及操作方法

电工刀(图 C.10)在电工安装维修中主要用来切削导线的绝缘层、电缆绝缘、木槽板等。普通的电工刀由刀片、刀刃、刀把、刀挂等构成，不用时，应把刀片收缩到刀把内。

电工刀的规格有大号、小号之分，大号刀片长 112mm，小号刀片长 88mm。有的电工刀上带有锯片和锥子，可用来锯小木片和锥孔。电工刀没有绝缘保护，禁止带电作业。

图 C.10　电工刀

在使用电工刀时，应避免切割坚硬的材料，以保护刀口。刀口用钝后，可用油石磨。如果刀刃部分损坏较重，可用砂轮磨，但须防止退火。

使用电工刀时，切忌面向人体切削，正确姿势如图 C.11 所示。用电工刀剖削电线绝缘层时，可把刀略微翘起一些，用刀刃的圆角抵住线芯。切忌将刀刃垂直对着导线切割绝缘层，因为这样容易割伤电线线芯。电工刀刀柄无绝缘保护，不能接触或剖削带电导线及器件。新电工刀刀口较钝，应先开启刀口然后使用。电工刀使用后应随即将刀身折进刀柄，以避免伤手。

6) 剥线钳的用途及操作方法

剥线钳(图 C.12)是内线电工、电机修理、仪器仪表电工常用的工具之一。剥线钳适用于直径 3mm 及以下的塑料或橡胶绝缘电线、电缆芯线的剥皮。

剥线钳使用的方法是将待剥皮的线头置于钳头的某相应刃口中，用手果断地捏两钳柄，随即松开，绝缘皮便与芯线脱开。

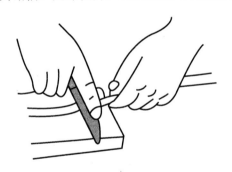

图 C.11　电工刀的使用方法

图 C.12　剥线钳

剥线钳由钳口和手柄两部分组成。剥线钳钳口分有 0.5～3mm 的多个直径切口，用于与不同规格线芯线直径相匹配，剥线钳也装有绝缘套。

在使用剥线钳时，要注意选好刀刃孔径，当刀刃孔径选大时难以剥离绝缘层，当刀刃孔径选小时又会切断芯线，只有选择合适的孔径才能达到剥线钳的使用目的。

7) 活络扳手

图 C.13 所示为活络扳手实物。

活络扳手又叫活扳手，主要用来旋紧或拧松有角螺钉或螺母，也是常用的电工工具之一。电工常用的活络扳手有 200mm、250mm、300mm 三种尺寸，实际应用中应根据螺母的大小选配合适的活络扳手。

图 C.13 活络扳手

图 C.14 所示为活络扳手的使用方法。从图 C.14(a)所示的一般握法可知，手握扳手的位置越靠后，扳动起来越省力。

如图 C.14(b)所示，调整扳口大小时，用右手大拇指调整蜗轮，不断地转动蜗轮扳动小螺母，根据需要调节扳口的大小，调节时手应握在靠近呆扳唇的位置。

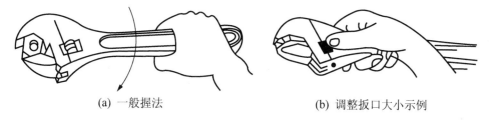

(a) 一般握法   (b) 调整扳口大小示例

图 C.14 活络扳手的使用方法

使用活络扳手时，应右手握手柄，在扳动生锈的螺母时，可在螺母上滴几滴煤油或机油，这样就好拧动了。若拧不动螺母，切不可采用钢管套在活络扳手的手柄上来增加扭力，因为这样极易损伤活络扳唇。不可把活络扳手当锤子用，以免损坏。

【参考视频】

2. 导线的连接方法

1) 单股铜芯线的直线连接

首先用电工刀剖削两根连接导线的绝缘层及氧化层，注意电工刀口在需要剖削的导线上与导线成 45°夹角，斜切入绝缘层，然后以 25°倾斜推削，将剖开的绝缘层齐根剖削，不要伤着线芯。

然后使剖削好的两根裸露连接线头成 X 形交叉，互相绞绕 2～3 圈；接着扳直两线头，再将每根线头在线芯上紧贴并绕 3～5 圈；最后将多余的线头用钢丝钳剪去，并钳平线芯的末端及切口毛刺，操作如图 C.15 所示。

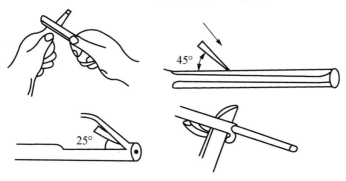

图 C.15 单股铜芯线的直线连接

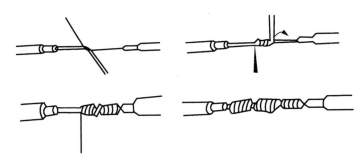

图 C.15　单股铜芯线的直线连接(续)

2) 单股铜芯线的 T 形连接

首先把去除绝缘层及氧化层的支路线芯的线头与干线线芯十字相交，并且支路线芯根部留出 3～5mm 裸线，如图 C.16(a)所示。

然后把支路线芯按顺时针方向紧贴干线线芯密绕 6～8 圈，用纲丝钳切去余下线芯，并钳平线芯末端及切口毛刺，如图 C.16(b)所示。

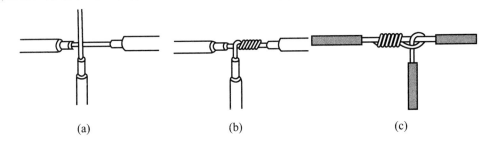

(a)　　　　　　　　　(b)　　　　　　　　　(c)

图 C.16　单股铜芯线的 T 形连接

如果单股铜导线截面较大，就要在与支线线芯十字相交后，按照图 C.16(c)所示绕法连接：从右端绕下，平绕到左端，从里向外(由下往上)紧密缠绕 4～6 圈，剪去多余的线端，最后用绝缘胶布缠封。

3) 7 股铜芯导线的直线连接

首先将除去绝缘层及氧化层的二根线头分别散开并拉直，在靠近绝缘层的 1/3 线芯处将该段线芯绞紧，把余下的 2/3 线头分散成伞状，如图 C.17(a)所示。

然后把两个分散成伞状的线头隔根对叉，放平两端对叉的线头，如图 C.17(b)所示。接着把一端的 7 股线芯按 2、2、3 股分成三组，把第一组的 2 股线芯扳起，垂直于芯线，按顺时针方向紧密缠绕 2 圈，如图 C.17(c)所示；将余下的芯线向右扳直。随后将第二组 2 股线芯扳直，按顺时针方向紧压着前两股扳平的线芯缠绕 2 圈，如图 C.17(d)所示；并将余下的线芯向右扳直；再将第三组的 3 股线芯向右扳直，按顺时针方向紧压前 4 根扳直的线芯向右缠绕 3 圈，如图 C.17(e)所示；切去每组多余的线芯，钳平线端如图 C.17(f)所示。用同样的方法去缠绕另一边线芯。

4) 7 股铜芯线的 T 字分支连接

首先把除去绝缘层及氧化层的分支线芯散开钳直，在距绝缘层 1/8 线头处将线芯绞紧；把余下部分的线芯分成两组，一组 4 股，另一组 3 股，并排齐；用螺钉旋具把已除去绝缘层的干线线芯撬分为两组，把支路线芯中 4 股的一组插入干线两组线芯中间，把支路线芯中 3 股的一组放在干线线芯的前面，如图 C.18(a)所示。

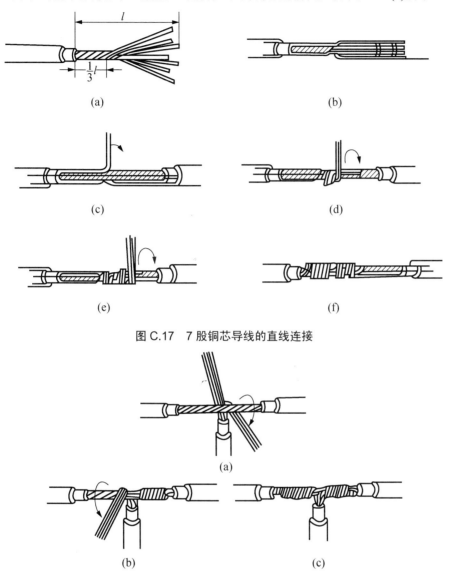

(a)　　　　　　　　　　　　　　(b)

(c)　　　　　　　　　　　　　　(d)

(e)　　　　　　　　　　　　　　(f)

图 C.17　7 股铜芯导线的直线连接

(a)

(b)　　　　　　　　　　　　　　(c)

图 C.18　7 股铜芯线的 T 字分支连接

　　然后，把 3 股线芯的一组往干线一边按顺时针方向紧紧缠绕 3～4 圈，剪去多余线头，钳平线端，如图 C.18(b)所示。

　　最后，把 4 股线芯的一组按逆时针方向往干线的另一边缠绕 4～5 圈，剪去多余线头，钳平线端，如图 C.18(c)所示。

　　5) 铝芯导线的连接

　　由于铝极易氧化，而且铝氧化膜的电阻率很高，所以铝芯线不宜采用铜芯导线的连接方法，而常采用螺钉压接法(图 C.19)和压接管压接法(图 C.20)。

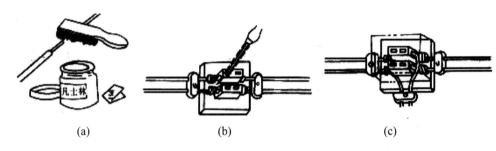

(a)　　　　　　　　(b)　　　　　　　　(c)

图 C.19　螺钉压接法

(1) 螺钉压接法。螺钉压接法适用于负荷较小的单股铝芯导线的连接。

首先除去铝芯线的绝缘层，用钢丝刷刷去铝芯线头的铝氧化膜，并涂上中性凡士林，如图 C.19(a)所示。

然后，将线头插入瓷接头或熔断器、插座、开关等的接线桩上，旋紧压接螺钉。图 C.19(b)所示为直线连接，图 C.19(c)所示为分路连接。

(2) 压接管压接法。压接管接法适用于较大负载的多股铝芯导线的直线连接，需要压接钳和压接管，如图 C.20(a)和图 C.20(b)所示。

首先根据多股铝芯线规格选择合适的压接管，除去需连接的两根多股铝芯导线的绝缘层，用钢丝刷清除铝芯线头和压接管内壁的铝氧化层，涂上中性凡士林。

然后将两根铝芯线头相对穿入压接管，并使线端穿出压接管 25～30 mm，如图 C.20(c)所示。

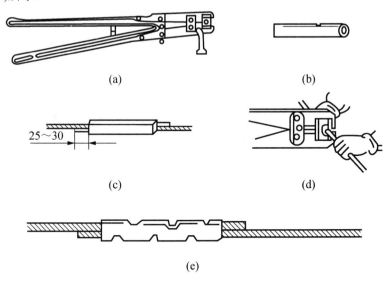

(a)　　　　　　　　　　　　　　　(b)

(c)　　　　　　　　　　　　　　　(d)

(e)

图 C.20　压接管压接法用具及接法

最后进行压接，压接时第一道压坑应在铝芯线头一侧，不可压反，如图 C.20(d)所示。压接完成后的铝芯线如图 C.20(e)所示。

6) 线头与针孔式接线桩的连接

把单股导线除去绝缘层后插入合适的接线桩针孔，旋紧螺钉，如图 C.21 所示。如果单股线芯较细，把线芯折成双根，再插入针孔。对于软线芯，须先把软线的细铜丝都绞紧，再插入针孔，孔外不能有铜丝外露，以免发生事故。

7) 线头与螺钉平压式接线桩的连接

图 C.21 线头与针孔式接线桩的连接

对于较小截面的单股导线，如图 C.22 所示，先去除导线的绝缘层，把线头按顺时针方向弯成圆环，圆环的圆心应在导线中心线的延长线上，环的内径 d 比压接螺钉外径稍大些，环尾部间隙为 1～2 mm，剪去多余线芯，把环钳平整，不扭曲。然后把制成的圆环放在接线桩上，放上垫片，把螺钉旋紧。

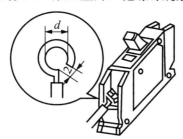

图 C.22 线头与螺钉平压式接线桩的连接

对于较大截面的导线，须在线头装上接线端子，由接线端子与接线桩连接。

参 考 文 献

[1] 刘蕴陶. 电工学[M]. 北京：中央广播电视大学出版社，1996.

[2] 廖传柱，康玉文. 电路与电工技术[M]. 北京：高等教育出版社，2006.

[3] 周元兴. 电工与电子技术基础[M]. 北京：机械工业出版社，2002.

[4] 李中发. 电子技术[M]. 北京：中国水利水电出版社，2005.

[5] 曾令琴，李伟. 电工电子技术[M]. 2版. 北京：人民邮电出版社，2006.

[6] 吴项. 电工与电子技术[M]. 北京：高等教育出版社，1991.

[7] 赵会军. 电工技术[M]. 北京：高等教育出版社，2006.

[8] 徐淑华，宫淑贞. 电工电子技术[M]. 北京：电子工业出版，2003.

[9] 席时达. 电工技术[M]. 2版. 北京：高等教育出版社，2000.

[10] 易沉屏. 电工学[M]. 北京：高等教育出版社，1993.

北京大学出版社高职高专机电系列规划教材

序号	书号	书名	编著者	定价	印次	出版日期	配套情况
		"十二五"职业教育国家规划教材					
1	978-7-301-24455-5	电力系统自动装置(第2版)	王 伟	26.00	1	2014.8	ppt/pdf
2	978-7-301-24506-4	电子技术项目教程(第2版)	徐超明	42.00	1	2014.7	ppt/pdf
3	978-7-301-24475-3	零件加工信息分析(第2版)	谢 蕾	52.00	2	2015.1	ppt/pdf
4	978-7-301-24227-8	汽车电气系统检修(第2版)	宋作军	30.00	1	2014.8	ppt/pdf
5	978-7-301-24507-1	电工技术与技能	王 平	42.00	1	2014.8	ppt/pdf
6	978-7-301-17398-5	数控加工技术项目教程	李东君	48.00	1	2010.8	ppt/pdf
7	978-7-301-25341-0	汽车构造(上册)——发动机构造(第2版)	罗灯明	35.00	1	2015.5	ppt/pdf
8	978-7-301-25529-2	汽车构造(下册)——底盘构造(第2版)	鲍远通	36.00	1	2015.5	ppt/pdf
9	978-7-301-25650-3	光伏发电技术简明教程	静国梁	29.00	1	2015.6	ppt/pdf
10	978-7-301-24589-7	光伏发电系统的运行与维护	付新春	33.00	1	2015.7	ppt/pdf
11	978-7-301-18322-9	电子EDA技术(Multisim)	刘训非	30.00	2	2012.7	ppt/pdf
		机械类基础课					
1	978-7-301-13653-9	工程力学	武昭晖	25.00	3	2011.2	ppt/pdf
2	978-7-301-13574-7	机械制造基础	徐从清	32.00	3	2012.7	ppt/pdf
3	978-7-301-13656-0	机械设计基础	时忠明	25.00	3	2012.7	ppt/pdf
4	978-7-301-13662-1	机械制造技术	宁广庆	42.00	2	2010.11	ppt/pdf
5	978-7-301-27082-0	机械制造技术	徐 勇	48.00	1	2016.5	ppt/pdf
6	978-7-301-19848-3	机械制造综合设计及实训	裘俊彦	37.00	1	2013.4	ppt/pdf
7	978-7-301-19297-9	机械制造工艺及夹具设计	徐 勇	28.00	1	2011.8	ppt/pdf
8	978-7-301-25479-0	机械制图——基于工作过程(第2版)	徐连孝	62.00	1	2015.5	ppt/pdf
9	978-7-301-18143-0	机械制图习题集	徐连孝	20.00	2	2013.4	ppt/pdf
10	978-7-301-15692-6	机械制图	吴百中	26.00	2	2012.7	ppt/pdf
11	978-7-301-27234-3	机械制图	陈世芳	42.00	1	2016.8	ppt/pdf/素材
12	978-7-301-27233-6	机械制图习题集	陈世芳	38.00	1	2016.8	pdf
13	978-7-301-22916-3	机械图样的识读与绘制	刘永强	36.00	1	2013.8	ppt/pdf
14	978-7-301-23354-2	AutoCAD应用项目化实训教程	王利华	42.00	1	2014.1	ppt/pdf
15	978-7-301-17122-6	AutoCAD机械绘图项目教程	张海鹏	36.00	3	2013.8	ppt/pdf
16	978-7-301-17573-6	AutoCAD机械绘图基础教程	王长忠	32.00	3	2013.8	ppt/pdf
17	978-7-301-19010-4	AutoCAD机械绘图基础教程与实训(第2版)	欧阳全会	36.00	3	2014.1	ppt/pdf
18	978-7-301-22185-3	AutoCAD 2014机械应用项目教程	陈善岭	32.00	1	2016.1	ppt/pdf
19	978-7-301-26591-8	AutoCAD 2014机械绘图项目教程	朱 昱	40.00	1	2016.2	ppt/pdf
20	978-7-301-24536-1	三维机械设计项目教程(UG版)	龚肖新	45.00	1	2014.9	ppt/pdf
21	978-7-301-20752-9	液压传动与气动技术(第2版)	曹建东	40.00	2	2014.1	ppt/pdf/素材
22	978-7-301-13582-2	液压与气压传动技术	袁 广	24.00	5	2013.8	ppt/pdf
23	978-7-301-24381-7	液压与气动技术项目教程	武 威	30.00	1	2014.8	ppt/pdf
24	978-7-301-19436-2	公差与测量技术	余 键	25.00	1	2011.9	ppt/pdf
25	978-7-5038-4861-2	公差配合与测量技术	南秀蓉	23.00	4	2011.12	ppt/pdf
26	978-7-301-19374-7	公差配合与技术测量	庄佃霞	26.00	2	2013.8	ppt/pdf
27	978-7-301-25614-5	公差配合与测量技术项目教程	王丽丽	26.00	1	2015.4	ppt/pdf
28	978-7-301-25953-5	金工实训(第2版)	柴增田	38.00	1	2015.6	ppt/pdf
29	978-7-301-13651-5	金属工艺学	柴增田	27.00	2	2011.6	ppt/pdf
30	978-7-301-23868-4	机械加工工艺编制与实施(上册)	于爱武	42.00	1	2014.3	ppt/pdf/素材
31	978-7-301-24546-0	机械加工工艺编制与实施(下册)	于爱武	42.00	1	2014.7	ppt/pdf/素材

序号	书号	书名	编著者	定价	印次	出版日期	配套情况
32	978-7-301-21988-1	普通机床的检修与维护	宋亚林	33.00	1	2013.1	ppt/pdf
33	978-7-5038-4869-8	设备状态监测与故障诊断技术	林英志	22.00	3	2011.8	ppt/pdf
34	978-7-301-22116-7	机械工程专业英语图解教程(第2版)	朱派龙	48.00	2	2015.5	ppt/pdf
35	978-7-301-23198-2	生产现场管理	金建华	38.00	1	2013.9	ppt/pdf
36	978-7-301-24788-4	机械 CAD 绘图基础及实训	杜洁	30.00	1	2014.9	ppt/pdf
数控技术类							
1	978-7-301-17148-6	普通机床零件加工	杨雪青	26.00	2	2013.8	ppt/pdf/素材
2	978-7-301-17679-5	机械零件数控加工	李文	38.00	1	2010.8	ppt/pdf
3	978-7-301-13659-1	CAD/CAM 实体造型教程与实训 (Pro/ENGINEER 版)	诸小丽	38.00	4	2014.7	ppt/pdf
4	978-7-301-24647-6	CAD/CAM 数控编程项目教程(UG版)(第2版)	慕灿	48.00	1	2014.8	ppt/pdf
5	978-7-301-21873-6	CAD/CAM 数控编程项目教程(CAXA 版)	刘玉春	42.00	1	2013.3	ppt/pdf
6	978-7-5038-4866-7	数控技术应用基础	宋建武	22.00	2	2010.7	ppt/pdf
7	978-7-301-13262-3	实用数控编程与操作	钱东东	32.00	4	2013.8	ppt/pdf
8	978-7-301-14470-1	数控编程与操作	刘瑞已	29.00	2	2011.2	ppt/pdf
9	978-7-301-20312-5	数控编程与加工项目教程	周晓宏	42.00	1	2012.3	ppt/pdf
10	978-7-301-23898-1	数控加工编程与操作实训教程(数控车分册)	王忠斌	36.00	1	2014.6	ppt/pdf
11	978-7-301-20945-5	数控铣削技术	陈晓罗	42.00	1	2012.7	ppt/pdf
12	978-7-301-21053-6	数控车削技术	王军红	28.00	1	2012.8	ppt/pdf
13	978-7-301-25927-6	数控车削编程与操作项目教程	肖国涛	26.00	1	2015.7	ppt/pdf
14	978-7-301-17398-5	数控加工技术项目教程	李东君	48.00	1	2010.8	ppt/pdf
15	978-7-301-21119-9	数控机床及其维护	黄应勇	38.00	1	2012.8	ppt/pdf
16	978-7-301-20002-5	数控机床故障诊断与维修	陈学军	38.00	1	2012.1	ppt/pdf
模具设计与制造类							
1	978-7-301-23892-9	注射模设计方法与技巧实例精讲	邹继强	54.00	1	2014.2	ppt/pdf
2	978-7-301-24432-6	注射模典型结构设计实例图集	邹继强	54.00	1	2014.6	ppt/pdf
3	978-7-301-18471-4	冲压工艺与模具设计	张芳	39.00	1	2011.3	ppt/pdf
4	978-7-301-19933-6	冷冲压工艺与模具设计	刘洪贤	32.00	1	2012.1	ppt/pdf
5	978-7-301-20414-6	Pro/ENGINEER Wildfire 产品设计项目教程	罗武	31.00	1	2012.5	ppt/pdf
6	978-7-301-16448-8	Pro/ENGINEER Wildfire 设计实训教程	吴志清	38.00	1	2012.8	ppt/pdf
7	978-7-301-22678-0	模具专业英语图解教程	李东君	22.00	1	2013.7	ppt/pdf
电气自动化类							
1	978-7-301-18519-3	电工技术应用	孙建领	26.00	1	2011.3	ppt/pdf
2	978-7-301-25670-1	电工电子技术项目教程（第2版）	杨德明	49.00	1	2016.2	ppt/pdf
3	978-7-301-22546-2	电工技能实训教程	韩亚军	22.00	1	2013.6	ppt/pdf
4	978-7-301-22923-1	电工技术项目教程	徐超明	38.00	1	2013.8	ppt/pdf
5	978-7-301-12390-4	电力电子技术	梁南丁	29.00	3	2013.5	ppt/pdf
6	978-7-301-17730-3	电力电子技术	崔红	23.00	1	2010.9	ppt/pdf
7	978-7-301-19525-3	电工电子技术	倪涛	38.00	1	2011.9	ppt/pdf
8	978-7-301-24765-5	电子电路分析与调试	毛玉青	35.00	1	2015.3	ppt/pdf
9	978-7-301-16830-1	维修电工技能与实训	陈学平	37.00	1	2010.7	ppt/pdf
10	978-7-301-12180-1	单片机开发应用技术	李国兴	21.00	2	2010.9	ppt/pdf
11	978-7-301-20000-1	单片机应用技术教程	罗国荣	40.00	1	2012.2	ppt/pdf
12	978-7-301-21055-0	单片机应用项目化教程	顾亚文	32.00	1	2012.8	ppt/pdf
13	978-7-301-17489-0	单片机原理及应用	陈高锋	32.00	1	2012.9	ppt/pdf
14	978-7-301-24281-0	单片机技术及应用	黄贻培	30.00	1	2014.7	ppt/pdf
15	978-7-301-22390-1	单片机开发与实践教程	宋玲玲	24.00	1	2013.6	ppt/pdf

序号	书号	书名	编著者	定价	印次	出版日期	配套情况
16	978-7-301-17958-1	单片机开发入门及应用实例	熊华波	30.00	1	2011.1	ppt/pdf
17	978-7-301-16898-1	单片机设计应用与仿真	陆旭明	26.00	2	2012.4	ppt/pdf
18	978-7-301-19302-0	基于汇编语言的单片机仿真教程与实训	张秀国	32.00	1	2011.8	ppt/pdf
19	978-7-301-12181-8	自动控制原理与应用	梁南丁	23.00	3	2012.1	ppt/pdf
20	978-7-301-19638-0	电气控制与 PLC 应用技术	郭 燕	24.00	1	2012.1	ppt/pdf
21	978-7-301-18622-0	PLC 与变频器控制系统设计与调试	姜永华	34.00	1	2011.6	ppt/pdf
22	978-7-301-19272-6	电气控制与 PLC 程序设计(松下系列)	姜秀玲	36.00	1	2011.8	ppt/pdf
23	978-7-301-12383-6	电气控制与 PLC(西门子系列)	李 伟	26.00	2	2012.3	ppt/pdf
24	978-7-301-18188-1	可编程控制器应用技术项目教程(西门子)	崔维群	38.00	2	2013.6	ppt/pdf
25	978-7-301-23432-7	机电传动控制项目教程	杨德明	40.00	1	2014.1	ppt/pdf
26	978-7-301-12382-9	电气控制及 PLC 应用(三菱系列)	华满香	24.00	2	2012.5	ppt/pdf
27	978-7-301-22315-4	低压电气控制安装与调试实训教程	张 郭	24.00	1	2013.4	ppt/pdf
28	978-7-301-24433-3	低压电器控制技术	肖朋生	34.00	1	2014.7	ppt/pdf
29	978-7-301-22672-8	机电设备控制基础	王本轶	32.00	1	2013.7	ppt/pdf
30	978-7-301-18770-8	电机应用技术	郭宝宁	33.00	1	2011.5	ppt/pdf
31	978-7-301-23822-6	电机与电气控制	郭夕琴	34.00	1	2014.8	ppt/pdf
32	978-7-301-17324-4	电机控制与应用	魏润仙	34.00	1	2010.8	ppt/pdf
33	978-7-301-21269-1	电机控制与实践	徐 锋	34.00	1	2012.9	ppt/pdf
34	978-7-301-12389-8	电机与拖动	梁南丁	32.00	2	2011.12	ppt/pdf
35	978-7-301-18630-5	电机与电力拖动	孙英伟	33.00	1	2011.3	ppt/pdf
36	978-7-301-16770-0	电机拖动与应用实训教程	任娟平	36.00	1	2012.11	ppt/pdf
37	978-7-301-22632-2	机床电气控制与维修	崔兴艳	28.00	1	2013.7	ppt/pdf
38	978-7-301-22917-0	机床电气控制与 PLC 技术	林盛昌	36.00	1	2013.8	ppt/pdf
39	978-7-301-26499-7	传感器检测技术及应用(第 2 版)	王晓敏	45.00	1	2015.11	ppt/pdf
40	978-7-301-20654-6	自动生产线调试与维护	吴有明	28.00	1	2013.1	ppt/pdf
41	978-7-301-21239-4	自动生产线安装与调试实训教程	周 洋	30.00	1	2012.9	ppt/pdf
42	978-7-301-18852-1	机电专业英语	戴正阳	28.00	2	2013.8	ppt/pdf
43	978-7-301-24764-8	FPGA 应用技术教程(VHDL 版)	王真富	38.00	1	2015.2	ppt/pdf
44	978-7-301-26201-6	电气安装与调试技术	卢 艳	38.00	1	2015.8	ppt/pdf
45	978-7-301-26215-3	可编程控制器编程及应用(欧姆龙机型)	姜凤武	27.00	1	2015.8	ppt/pdf
46	978-7-301-26481-2	PLC 与变频器控制系统设计与高度(第 2 版)	姜永华	44.00	1	2016.9	ppt/pdf
汽车类							
1	978-7-301-17694-8	汽车电工电子技术	郑广军	33.00	1	2011.1	ppt/pdf
2	978-7-301-26724-0	汽车机械基础(第 2 版)	张本升	45.00	1	2016.1	ppt/pdf/素材
3	978-7-301-26500-0	汽车机械基础教程(第 3 版)	吴笑伟	35.00	1	2015.12	ppt/pdf/素材
4	978-7-301-17821-8	汽车机械基础项目化教学标准教程	傅华娟	40.00	2	2014.8	ppt/pdf
5	978-7-301-19646-5	汽车构造	刘智婷	42.00	1	2012.1	ppt/pdf
6	978-7-301-25341-0	汽车构造(上册)——发动机构造(第 2 版)	罗灯明	35.00	1	2015.5	ppt/pdf
7	978-7-301-25529-2	汽车构造(下册)——底盘构造(第 2 版)	鲍远通	36.00	1	2015.5	ppt/pdf
8	978-7-301-13661-4	汽车电控技术	祁翠琴	39.00	6	2015.2	ppt/pdf
9	978-7-301-19147-7	电控发动机原理与维修实务	杨洪庆	27.00	1	2011.7	ppt/pdf
10	978-7-301-13658-4	汽车发动机电控系统原理与维修	张吉国	25.00	2	2012.4	ppt/pdf
11	978-7-301-18494-3	汽车发动机电控技术	张 俊	46.00	2	2013.8	ppt/pdf/素材
12	978-7-301-21989-8	汽车发动机构造与维修(第 2 版)	蔡兴旺	40.00	1	2013.1	ppt/pdf/素材
14	978-7-301-18948-1	汽车底盘电控原理与维修实务	刘映凯	26.00	1	2012.1	ppt/pdf
15	978-7-301-24227-8	汽车电气系统检修(第 2 版)	宋作军	30.00	1	2014.8	ppt/pdf
16	978-7-301-23512-6	汽车车身电控系统检修	温立全	30.00	1	2014.1	ppt/pdf
17	978-7-301-18850-7	汽车电器设备原理与维修实务	明光星	38.00	2	2013.9	ppt/pdf

序号	书号	书名	编著者	定价	印次	出版日期	配套情况
18	978-7-301-20011-7	汽车电器实训	高照亮	38.00	1	2012.1	ppt/pdf
19	978-7-301-22363-5	汽车车载网络技术与检修	闫炳强	30.00	1	2013.6	ppt/pdf
20	978-7-301-14139-7	汽车空调原理及维修	林 钢	26.00	3	2013.8	ppt/pdf
21	978-7-301-16919-3	汽车检测与诊断技术	娄 云	35.00	2	2011.7	ppt/pdf
22	978-7-301-22988-0	汽车拆装实训	詹远武	44.00	1	2013.8	ppt/pdf
23	978-7-301-18477-6	汽车维修管理实务	毛 峰	23.00	1	2011.3	ppt/pdf
24	978-7-301-19027-2	汽车故障诊断技术	明光星	25.00	1	2011.6	ppt/pdf
25	978-7-301-17894-2	汽车养护技术	隋礼辉	24.00	1	2011.3	ppt/pdf
26	978-7-301-22746-6	汽车装饰与美容	金守玲	34.00	1	2013.7	ppt/pdf
27	978-7-301-25833-0	汽车营销实务(第2版)	夏志华	32.00	1	2015.6	ppt/pdf
28	978-7-301-15578-3	汽车文化	刘 锐	28.00	4	2013.2	ppt/pdf
29	978-7-301-20753-6	二手车鉴定与评估	李玉柱	28.00	1	2012.6	ppt/pdf
30	978-7-301-26595-6	汽车专业英语图解教程(第2版)	侯锁军	29.00	1	2016.4	ppt/pdf/素材
31	978-7-301-27089-9	汽车营销服务礼仪(第2版)	夏志华	36.00	1	2016.6	ppt/pdf
电子信息、应用电子类							
1	978-7-301-19639-7	电路分析基础(第2版)	张丽萍	25.00	1	2012.9	ppt/pdf
2	978-7-301-27605-1	电路电工基础	张 琳	29.00	1	2016.11	ppt/fdf
3	978-7-301-19310-5	PCB板的设计与制作	夏淑丽	33.00	1	2011.8	ppt/pdf
4	978-7-301-21147-2	Protel 99 SE 印制电路板设计案例教程	王 静	35.00	1	2012.8	ppt/pdf
5	978-7-301-18520-9	电子线路分析与应用	梁玉国	34.00	1	2011.7	ppt/pdf
6	978-7-301-12387-4	电子线路CAD	殷庆纵	28.00	4	2012.7	ppt/pdf
7	978-7-301-12390-4	电力电子技术	梁南丁	29.00	2	2010.7	ppt/pdf
8	978-7-301-17730-3	电力电子技术	崔 红	23.00	1	2010.9	ppt/pdf
9	978-7-301-19525-3	电工电子技术	倪 涛	38.00	1	2011.9	ppt/pdf
10	978-7-301-18519-3	电工技术应用	孙建领	26.00	1	2011.3	ppt/pdf
11	978-7-301-22546-2	电工技能实训教程	韩亚军	22.00	1	2013.6	ppt/pdf
12	978-7-301-22923-1	电工技术项目教程	徐超明	38.00	1	2013.8	ppt/pdf
14	978-7-301-25670-1	电工电子技术项目教程（第2版)	杨德明	49.00	1	2016.2	ppt/pdf
15	978-7-301-26076-0	电子技术应用项目式教程(第2版)	王志伟	40.00	1	2015.9	ppt/pdf/素材
16	978-7-301-22959-0	电子焊接技术实训教程	梅琼珍	24.00	1	2013.8	ppt/pdf
17	978-7-301-17696-2	模拟电子技术	蒋 然	35.00	1	2010.8	ppt/pdf
18	978-7-301-13572-3	模拟电子技术及应用	刁修睦	28.00	3	2012.8	ppt/pdf
19	978-7-301-18144-7	数字电子技术项目教程	冯泽虎	28.00	1	2011.1	ppt/pdf
20	978-7-301-19153-8	数字电子技术与应用	宋雪臣	33.00	1	2011.9	ppt/pdf
21	978-7-301-20009-4	数字逻辑与微机原理	宋振辉	49.00	1	2012.1	ppt/pdf
22	978-7-301-12386-7	高频电子线路	李福勤	20.00	3	2013.8	ppt/pdf
23	978-7-301-20706-2	高频电子技术	朱小祥	32.00	1	2012.6	ppt/pdf
24	978-7-301-18322-9	电子EDA技术(Multisim)	刘训非	30.00	2	2012.7	ppt/pdf
25	978-7-301-14453-4	EDA技术与VHDL	宋振辉	28.00	2	2013.8	ppt/pdf
26	978-7-301-22362-8	电子产品组装与调试实训教程	何 杰	28.00	1	2013.6	ppt/pdf
27	978-7-301-19326-6	综合电子设计与实践	钱卫钧	25.00	2	2013.8	ppt/pdf
28	978-7-301-17877-5	电子信息专业英语	高金玉	26.00	2	2011.11	ppt/pdf
29	978-7-301-23895-0	电子电路工程训练与设计、仿真	孙晓艳	39.00	1	2014.3	ppt/pdf
30	978-7-301-24624-5	可编程逻辑器件应用技术	魏 欣	26.00	1	2014.8	ppt/pdf
31	978-7-301-26156-9	电子产品生产工艺与管理	徐中贵	38.00	1	2015.8	ppt/pdf

如您需要更多教学资源如电子课件、电子样章、习题答案等，请登录北京大学出版社第六事业部官网 www.pup6.cn 搜索下载。

如您需要浏览更多专业教材，请扫下面的二维码，关注北京大学出版社第六事业部官方微信（微信号：pup6book），随时查询专业教材、浏览教材目录、内容简介等信息，并可在线申请纸质样书用于教学。

感谢您使用我们的教材，欢迎您随时与我们联系，我们将及时做好全方位的服务。联系方式：010-62750667，329056787@qq.com、pup_6@163.com、lihu80@163.com，欢迎来电来信。客户服务QQ号：1292552107，欢迎随时咨询。